本成果得到中国人民大学2019年"中央高校建设世界一流大学（学科）和特色发展引导专项资金"支持

中国能源重大问题研究系列

新能源消纳问题研究

宋　枫◎著

Research on Renewable Energy Integration

科学出版社

北　京

内 容 简 介

大力发展包括风能和太阳能在内的新能源是贯彻落实绿色发展新理念的重要措施，但我国风电、太阳能发电等新能源发展进程中却逐渐陷入"边建边弃"的怪圈，装机规模屡创新高的同时消纳矛盾突出，造成了巨大的社会资源浪费。本书从经济学研究视角出发，通过科学、严谨的理论和实证研究对新能源消纳问题的成因与影响因素进行了分析，在此基础上提出应对对策和促进新能源可持续发展的政策建议，这对于实现我国能源发展战略和推动能源革命具有较强的现实意义。

本书可以作为政策制定者、能源行业从业者和研究人员的参考用书；也可供高等院校相关学科师生阅读参考。

图书在版编目（CIP）数据

新能源消纳问题研究／宋枫著 . —北京：科学出版社，2019. 5
ISBN 978-7-03-061050-8

Ⅰ. ①新… Ⅱ. ①宋… Ⅲ. ①新能源–发电–研究 Ⅳ. ①TM61

中国版本图书馆 CIP 数据核字（2019）第 071974 号

责任编辑：林 剑／责任校对：樊雅琼
责任印制：赵 博／封面设计：无极书装

科 学 出 版 社 出版
北京东黄城根北街 16 号
邮政编码：100717
http://www.sciencep.com

中煤（北京）印务有限公司印刷
科学出版社发行 各地新华书店经销

*

2019 年 5 月第 一 版 开本：720×1000 1/16
2024 年 10 月第四次印刷 印张：10
字数：250 000

定价：108.00 元
（如有印装质量问题，我社负责调换）

前　言

习近平总书记高度重视能源发展改革，在 2014 年 6 月的中央财经领导小组第六次会议上发表重要讲话，提出推动能源消费革命、能源供给革命、能源技术革命、能源体制革命和全方位加强国际合作的能源发展战略，其本质在于改善我国以煤炭为主体的能源结构，实现发展方式的根本性转变。大力发展包括风能和太阳能在内的新能源是贯彻落实绿色发展新理念的重要措施，但在我国新能源发展进程中却逐渐陷入"边建边弃"的怪圈，装机规模屡创新高的同时消纳矛盾突出，造成了巨大的社会资源浪费。本书试图通过科学、严谨的理论和实证研究，分析新能源"弃电"的成因，在此基础上提出应对对策和促进新能源可持续发展的政策建议，这对于实现我国能源发展战略和推动能源革命具有较强的现实意义。

本书是笔者从 2014 年开始到目前在新能源发展方面研究的阶段性成果。与现有对新能源消纳问题的研究相比，本书有（或者说尝试做出）自己的特点和贡献。第一，在已有文献的基础上，系统提出了新能源消纳难题产生的禀赋、政策和制度因素，并指出要用动态的视角看待新能源消纳问题，造成消纳困境的主要矛盾随着新能源发展的过程在不断变化。第二，本书从经济学研究视角、运用经济学理论与方法对新能源消纳问题的成因与对策进行了分析。例如，第四章在分析产业政策对新能源装机分布的影响时，从企业投资的微观决策机制入手分析两者之间的关系，在严谨的理论分析基础上运用实际数据进行计量检验，在此基础上提出政策建议。使用同样的逻辑分析框架我们在第五章和第六章对制度因素和新能源强制配额政策效果进行了分析。因此，从方法论上看，本研究注重理论分析与实证分析、定性分析和定量分析的结合。第三，本书也注重理论与实践相结合。电力体制改革的新形势为新能源消纳带来了机遇，但电力体制改革是一个复杂的工作，很多改革目前仍在进行中，对新能源发展与消纳的影响仍需要观察和总结。我们连续在2016~2018年的暑期对多个地方进行实地调研，在此基础上形成了第八章内容，即总结电改新形势下一些地方对新能源消纳的探索。

特别指出，本书所指全国各省（自治区、直辖市）的数据暂不包含香港、澳门和台湾地区；所提及"省"等内容，除特指外，一般通指省、自治区、直辖市。

本书在写作过程得到了很多同事、合作者的帮助，包括我的同事魏楚老师、黄滢老师，对外经济与贸易大学夏芳老师，北京大学王敏老师，英国邓迪大学牟效毅老师，美国亚利桑那大学于子超博士等。同时，感谢我的学生吴洁琪、毕得和冯紫茹出色的助研工作。另外，本书写作参考和引用了大量前人的文献资料，在此一并表示感谢。

限于笔者水平有限，不足之处在所难免，敬请读者批评指正。

宋 枫

2018年12月于中国人民大学

新能源消纳问题研究

目　　录

新能源消纳问题研究

新能源消纳问题研究

第一章　研究背景与主要观点

第一节　研究背景

面对全球日益严峻的能源和环境问题，开发新型清洁能源取代传统能源已成为世界很多国家保障能源安全、应对气候变化、实现可持续发展的共同选择，向低碳能源转型是大势所趋。我国是世界上最大的能源生产国和消费国，以传统化石能源为主的能源供给体系在过去40多年有力地支撑了我国国民经济的快速发展，但也带来巨大的环境问题和能源安全挑战。开发风能和太阳能等新型清洁能源是推动我国能源转型发展的重要措施，是贯彻能源生产和消费革命战略，建设清洁低碳、安全高效的现代能源体系的有力抓手，也是加快生态文明建设，实现美丽中国的关键环节。

近年来我国在新型可再生能源领域（以下简称新能源）取得了举世瞩目的成就。2018年全国风电累计装机容量达到1.8亿千瓦，光伏发电装机达到1.7亿千瓦，新能源发电装机总容量位居世界第一。2018年风电和光伏发电量总计5435亿千瓦时，可以满足东北三省及内蒙古的电力需求，减少的二氧化碳排放量约等于4.86亿吨。

同时，伴随着我国新能源快速发展的一个特有现象是新能源消纳问题，"弃风""弃光"持续高位运行，新能源装机"边建边弃"现象严重。根据国家能源局公布的数据，2011～2018年我国"弃风率"一直在高位运行，2016年高达17%，而2015年德国"弃风率"仅为1%左右；局部地区"弃光"现象严重，甘肃省 2015 年"弃光率"高达 38%。新能源消纳困境带来巨大资源浪费，虽然我国 2015 年风电并网装机量约是美国的 1 倍，但发电量却低于美国[①]。2016 年我国"弃风"总量高达 497 亿千瓦时，相当于希腊当年用电需求；同年风电企业直接损失的售电收入约 200 亿元。另外，发展可再生能源的重要驱动力之一是替代化石能源，减少化石能源燃放带来的碳排放与污染物排放。但是，超预期的"弃风率"极大地推高了碳减排成本，根据 Lam 等（2016）的估计，参加清洁发展机制（Clean Development Mechanism，CDM）的风电减排成本要比预估成本高出 4~6 倍。

"弃风"和"弃光"给新能源行业的健康发展带来了巨大负面影响，风电场和光伏电站无法按照设计小时数进行发电，影响企业投资收益，进而影响投资意愿，打击了社会资本进入新能源投资领域的信心。新能源消纳问题不仅影响新能源发电产业长期健康发展，也严重制约我国能源行业的低碳转型，为要实现 2020 年 15% 非化石能源比例目标带来巨大挑战。

本研究试图回答以下问题：我国风电和光伏行业虽然发展迅速，但发电占比仍然不高，为什么会出现消纳困境？这种发展的不平衡的矛盾的根源是什么？政府旨在推动新能源产业发展的产业政策是否促使了消纳困境的形成？如何设计合理产业政策避免类似问题的发生？阻碍大规模新能源消纳的制度障碍有哪些？我们目前正在进行的电力体制改革应该如何进行顶层设计建设新能源友好型电力市场？

对这些问题的探究具有重要的理论和现实意义。习近平总书记提出的推动能源消费革命、能源供给革命、能源技术革命、能源体制革命和

---

① 数据来源：中国数据来源于国家能源局（http：//www.nea.gov.cn/2016－02/02/c_135066586.htm），美国数据来源于美国能源信息署（https：//www.eia.gov/electricity/monthly/epm_table_grapher.php？t=epmt_1_01_a）。

全方位加强国际合作的能源发展战略，其本质在于改变我国以煤炭为主体的能源结构，实现发展方式的根本性转变。大力发展包括风能和太阳能在内的新能源是贯彻落实绿色发展新理念的重要措施。但我国新能源在发展进程中却逐渐陷入"边建边弃"的怪圈，装机规模屡创新高的同时消纳矛盾突出，新能源"弃电率"居高不下，造成了巨大的社会资源浪费。解决这些问题需要对其成因做出准确的分析。本书将在科学严谨的理论与实证研究基础上分析"弃电"的成因，提出有效的解决途径与政策，并对如何构建有效的能源发展支持政策提出建议，这对于实现我国能源发展战略和推动能源革命具有较强的现实意义。

第二节　研究对象

目前，关于新能源没有统一定义。广义的新能源包括先进核能、风能、太阳能、生物质能、地热能、非常规天然气等新能源和非水可再生能源。本书中的新能源主要指风电与太阳能等非水可再生能源。随着技术的进步推动成本不断下降，经济性持续提升，风电与太阳能发电已经接近传统化石能源发电价格，因此本书主要聚焦于这两类新能源。

常见的对新能源消纳情况的量化指标是"弃电"情况，也就是"弃风率"和"弃光率"。我们需要澄清两个问题，一是目前的"弃风率"和"弃光率"虽然存在局限性，但是由于在宏观层面有国家能源局每年公布的公开数据，因此是我们可获得的最准确的新能源消纳情况的量化指标。二是"弃电率"并非越低越好。理论上，风电、光伏等可再生能源电力具有零边际成本的经济效益和零边际排放的环境效益，但其出力的间断性、随机性会增加电网安全运行的系统成本。因此，应该允许系统在电网负荷低谷等时段适度"弃风""弃光"，避免电力系统为保证新能源大发电时全额消纳而付出高昂的输电成本和深度调峰成本。欧洲和北美等新能源利用充分的地区，也存在一定程度的"弃风"

"弃光"。例如，德国和美国，都采用3%比例作为"弃风率"的上限。国家能源局原总工程师韩水也曾表示，我国合理的"弃风率""弃光率"是在5%以内（韩水，2018）。科学的决策方式，是在效益和成本间权衡，寻找一个长期最优的平衡点，而这一点对应的最优的"弃电率"极有可能是大于零的。对最优新能源"弃电率"的确定超越了本书的研究范围，我们能够确定的事实是"弃风率"和"弃光率"高于国际公认水平，反映了我国的确存在新能源消纳问题。

第三节　本书主要内容及观点

　　本书第二章回顾我国新能源发展历程，总结支持我国新能源发展的政策，分析我国新能源消纳矛盾的特征。第三章在现有文献综述的基础上，对新能源消纳矛盾产生的原因进行梳理、总结与辨析，将原因分为资源禀赋因素、规划因素、政策因素和制度因素，并辨析这些因素在不同时期的作用，为接下来的实证分析提供一个分析框架。第四章至第六章通过三个实证分析政策因素如何影响我国新能源消纳：第四章考察固定上网电价和保障性收购政策与风电区域分布之间的关系；第五章量化分析省级壁垒引发的市场分割对新能源消纳的影响；第六章评估我国实行可再生能源配额政策的政策效果，模拟未来我国新能源装机在各个地区如何优化分布来解决消纳难题。第七章和第八章聚焦于新能源消纳问题中的制度因素：第七章总结我国新一轮电力体制改革后在促进新能源消纳方面取得的进展，同时提出新形势下面临的挑战以及未来建设新能源友好型电力市场需要解决的关键性问题；第八章则探讨电改后地方政府在促进新能源消纳方面的探索以及取得的进展。在此基础上，我们有如下观点和发现。

　　第一，新能源消纳问题具有复杂性与动态性。消纳困境的直接原因是资源禀赋因素造成新能源发展区域发展不均衡，装机集中在西部和北部地区，而我国电力消费主要集中在东部沿海和中部省份，这种装机中心与负荷中心的分离使得新能源电力无法本地消纳，需要长距离运输到负荷中心。

第二，造成新能源装机过于集中在资源中心的原因是多方面的，既有客观资源禀赋因素，也有政策设计缺陷。首先，新能源成本下降迅速，但上网电价没有及时调整，造成即使上网小时数不足也会有超额利润，因此吸引更多的企业进行投资形成阶段性产能过剩。其次，固定上网电价补贴和可再生能源全额保障性收购政策保障了投资者的收益，使投资者过分重视成本因素而忽略需求因素，更愿意在风能和太阳能丰富的"三北"地区（华北、东北和西北）进行投资，加剧新能源装机区域分布不均衡。

第三，《可再生能源电力配额及考核办法（征求意见稿）》已经出台，可再生能源强制配额制在我国正式落地。强制配额制度对新能源新增装机的区域分布具有重要影响。我们从社会规划者角度出发，建立了面临消纳约束下的新能源发展成本最小化模型，考察新增新能源装机应该如何在全国六大区域进行优化配置。通过数值模拟求解，我们的研究结果表明，为达到2020年年发电目标并满足消纳要求，西北和东北地区在"十三五"规划期末之前都不宜再增加新能源装机；新增装机应更多地分布在华北地区和华东地区，这两个区域可以通过增加装机和外购电来满足消纳要求；华中地区是唯一一个新能源的净输入区，是消化东北和西北两地过剩产能重点区域。南方地区通过自建新能源装机达成消纳目标，且由于消纳任务相对较轻，南方地区未来的风机增长较之其他地区更为平缓。

第四，新能源"弃电"更深层次的体制原因在于我国以计划为主的传统电力体制无法适应大规模新能源消纳。新一轮电力体制改革启动后，市场化进程取得很大进展，促进新能源消纳方面也取得了长足进步。但从促进大规模新能源发电消纳的角度来看，本轮电力体制改革仍面临多重挑战：省内市场交易规模有限，限制新能源优先发电；以省为单位建立电力市场会加剧省级壁垒和市场分割，新能源无法在更大的范围内进行优化配置；新能源如何参加电力市场交易规则尚不明确，缺乏辅助服务等配套机制。针对这些挑战，我们提出三条建议：首先，防范省级壁垒，大范围配置电力资源；其次，加强现货市场顶层设计，出台市场建设指导意见；最后，完善补贴政策，推动新能源积极参与电力市场。

新能源消纳问题研究

第二章　我国新能源发展历程与消纳矛盾特征

伴随我国经济的高速增长，能源需求也在持续增加。尤其是加入 WTO 后，我国深度参与国际分工，产业结构重工业化趋势明显，能源需求加速增加，年均能源消费弹性从 1978～2001 年的 0.5 增至 2002～2012 年的 0.8。同时，以煤炭为主的能源结构带来了大气污染和气候变化等多种环境问题。我国已是世界最大的二氧化碳排放国，节能减排和应对全球气候变化谈判的国际压力与日俱增。因此，改善能源结构、增加清洁能源比例、大力发展包括风能和太阳能等新型可再生能源，逐渐成为能源建设的重要任务。本章第一节回顾我国新能源发展历程，第二节总结支持我国新能源发展的政策，第三节分析我国新能源消纳矛盾的特征。

第一节　我国新能源发展历程

一、风电发展历程

我国风电发展从 20 世纪 80 年代末第一个风电场建成开始已经有 30 多年的历史，从一无所有到装机容量位居世界第一，发展历程大体可以划分为三个阶段：产业化探索阶段（1989～2002 年）；高速发展阶段（2003～2009 年）；增速放缓阶段（2010～2018 年）。

（一）产业化探索阶段（1989～2002年）

1989年，我国第一个大型风电场在山东省建成。1994年起，我国开始探索设备国产化推动风电发展的道路，推出了"乘风计划"，实施了"双加工程"，制定了支持设备国产化的专项政策，风电场建设逐渐进入商业期。1994年，国家主管部门规定，电网管理部门应允许风电场就近上网，并收购全部上网电量，上网电价按发电成本加还本付息、加合理利润的原则确定，高出电网平均电价部分的差价由电网公司负担，发电量由电网公司统一收购。但随着2002年电力体制改革的推进，电价根据"厂网分开，竞价上网"的目标逐步开始改革，风电价格政策不明确，风电发展开始放缓。

此阶段首次探索建立了强制性收购、还本付息电价和成本分摊制度，保障了投资者的利益。这些政策的实施，对培育刚刚起步的风电产业起到了一定作用，但由于风电比传统火电和水电等技术生产成本较高，其间歇性对电网调度提出了更高要求，风电上网一直存在较多障碍，风电投资收益较低且风险较高，因此投资者热情不高，每年新增装机容量不超过10万千瓦，到2002年底，全国风电装机容量仅47.3万千瓦。

（二）高速发展阶段（2003～2009年）

为了探索促进风电大规模发展，国家发展和改革委员会在2003年组织了第一期全国风电特许权项目招标，将竞争机制引入风电市场，以市场化方式确定风电上网电价，通过签订长期合同保障电力销售和上网电价。特许权招标是由政府对一个或一组新能源项目进行公开招标，由各发电企业竞价决定该项目的上网价格。这一时期风电总装机容量加速上升，从2003年开始，增速逐年攀升，到2005年风电总装机容量达到126.4万千瓦。

2006年开始实行的《中华人民共和国可再生能源法》（以下简称《可再生能源法》）进一步推动了我国风电的发展，在"十一五"期间进入了高速发展期。《可再生能源法》为支持可再生能源包括风电发展提供了基本框架，随后国家出台并实施了一系列鼓励风电开发的法律法规、发展规划与价格、财政等产业支持政策，促使国内风电产业快速发展。尤其是《可再生能源法》明确提出"实行可再生能源发电全额保障性收购制度"，并通过设立"可再生能源发展基金"对可再生能源发电项目上网电价进行补贴，这些政策保障了风电投资项目的收益，减少了投资风险，极大地鼓舞了投资者热情。2005～2009年，连续4年风电装机容量增速超过100%，2009年风电总装机容量达到2585.3万千瓦。

（三）增速放缓阶段（2010～2018年）

随着装机规模不断增加和"弃风"矛盾凸显，我国风电装机增速从2010年起逐年放缓，从2010年的68%的年均增速逐步回落到2015年的34%。2015年之后经济进入新常态，电力需求放缓，电力行业出现整体过剩，风电装机增速也进一步回落到20%以下（图2-1）。

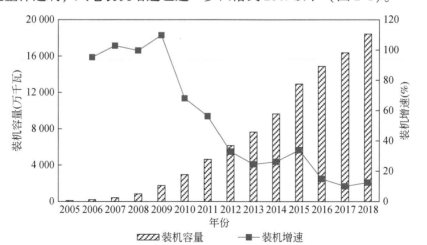

图2-1　风电总装机容量与增速（2005～2018年）

二、太阳能发展历程

我国光伏制造行业与光伏发电行业的发展并非同步。21 世纪初，我国光伏制造产业在德国、日本、美国等发达国家的光伏补贴政策刺激下迅速发展。受益于工业制造成本上的比较优势，我国光伏制造行业持续扩张，2010 年光伏电池产量约占全球 50%[①]。但在 2010 年之前，因为光伏发电的成本相对传统发电成本较高，且风电正处于快速发展阶段，我国对光伏发电发展采取了比较务实的态度。虽然在政策层面对光伏发电采用了电价补贴的方式，但因为光伏发电项目需要国家能源局批准，上网电价也需要通过成本核算和招标，整体控制在相对合理的水平，因此整体发展速度缓慢，在 2010 年底，我国光伏装机容量只有 80 万千瓦，年发电量 7 亿千瓦时。

2011 年，由于德国光伏发电上网电价下调，引发国际光伏组件价格断崖式下降，以及多国对我国实行反倾销调查并征收反倾销税和反补贴税，我国光伏制造行业陷入产能过剩困境。为化解光伏制造行业过剩产能，2011 年 7 月，光伏固定标杆上网电价政策出台，2013 年 7 月《国务院关于促进光伏产业健康发展的若干意见》发布，即"光伏国八条"，指出在全球光伏市场需求增速减缓、产品出口阻力增大、光伏产业发展不协调等多重因素作用下，我国光伏企业普遍经营困难。因此，要积极开拓国内的光伏应用市场，包括大力开拓分布式光伏发电市场和有序推进光伏电站建设。并提出要完善电价和补贴政策，改进补贴资金管理，加大财税政策支持力度，完善金融支持政策，完善土地支持政策和建设管理。自此，我国光伏发电行业开始迅猛发展。

---

① http://www.chyxx.com/industry/201602/386824.html。

2013 年开始，国内光伏发电装机容量呈爆发式增长。2013 年增长速度高达 169%，2014～2017 年都保持在 60% 以上的增长速度，2018 年增速降至 40% 左右。截至 2018 年底，我国光伏发电累计装机容量达到 1.74 亿千瓦，约占全国电力总装机容量的 2.96%，发电量达到 1775 亿千瓦时（图 2-2）。

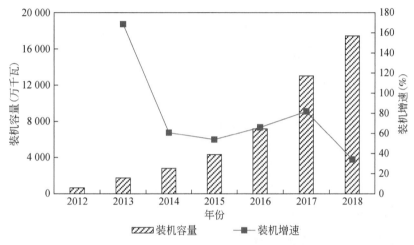

图 2-2 2012～2018 年光伏发电累计装机容量与增速

光伏发电的利用方式可以分为集中式光伏电站与分布式光伏发电两种。从图 2-3 不同类型光伏发电的发展趋势可以看出，我国光伏发电在 2013 年经历了较快的发展，增长率达到了 256.26%，随后由于消纳不足，增长开始放缓，但维持在一个较稳定的水平。分布式光伏的发展初期相比集中式光伏电站较为缓慢，无论是增长速度还是总量都不及后者，但 2016 年后出现爆发式增长，2017 年和 2018 年增长速度分别为197% 和 71%。

三、新能源发展现状与展望

我国风电和光伏发电从无到有，截至 2018 年底，风电和光伏发电

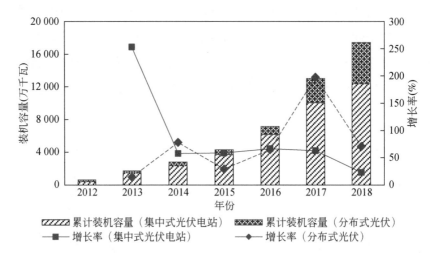

图 2-3 2012～2018 年光伏电站与分布式光伏发电装机容量和增长率

累计装机容量合计约 3.58 亿千瓦，年均增速达到 31%，约占全国电力总装机容量的 18%（图 2-4）。风电和光伏发电量从微不足道分别增长到 2018 年的 3660 亿千瓦时和 1775 亿千瓦时，分别约占全国总发电量的 5.2% 和 2.5%。风电和光伏发电量可以供给相当于一个中等发达省份的全年用电量。

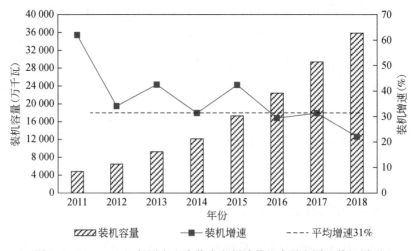

图 2-4 2011～2018 年风电和光伏发电累计装机容量和同比装机增速

同时，我国风电与光伏发电区域发展严重不均衡。虽然几乎所有的省份都有风电与光伏发电装机，但装机总体集中在资源丰富的"三北"地区。截至 2017 年底，"三北"地区新能源发电累计装机容量约为 1.97 亿千瓦，约占全国新能源发电装机容量的 67%。其中，风电在"三北"地区累计装机容量约为 1.21 亿千瓦，约占全国风电装机容量的 74%；光伏发电在"三北"地区累计装机容量 7556 万千瓦，约占全国光伏发电装机容量的 58%。分省份来看，风电方面，内蒙古风电装机容量超过 2000 万千瓦，新疆、甘肃、河北、山东超过 1000 万千瓦；光伏发电方面，山东光伏发电装机容量超过 1000 万千瓦，新疆、江苏、安徽、河北、浙江超过 800 万千瓦。

近年来新能源新增装机持续向东中部地区转移。新增装机容量主要集中在东中部地区。东中部地区新能源发电新增装机容量占全国新能源发电新增装机容量的比例由 2016 年的 30% 提高至 2017 年的 46%。东中部地区风电和光伏发电新增装机容量占全国的比例分别由 2016 年的 25% 和 33% 提高至 2017 年的 38% 和 48%；东北地区新增装机容量占比由 2016 年的 11% 和 27% 下降至 2017 年的 4% 和 10%。

2017 年，甘肃、青海、宁夏、新疆、河北、内蒙古等省（自治区、直辖市）的新能源发电成为第一、第二大电源。宁夏、内蒙古、甘肃、新疆等省（自治区、直辖市）的新能源发电量占全社会用电量的比例超过 10%，其中宁夏、内蒙古、甘肃和新疆 4 个省（自治区、直辖市）的超过 20%。内蒙古和新疆的新能源发电量突破 400 亿千瓦时，相当于 2017 年天津全社会用电量的一半（国家电网，2018）。

在 2014 年中国与丹麦可再生能源项目发布的《中国可再生能源发展路线图 2050》中提出，在基本情景下，预计到 2020 年、2030 年和 2050 年，中国风电累计装机容量分别达 2 亿千瓦、4 亿千瓦和 10 亿千瓦，风电发电量将分别达到 4000 亿千瓦时、8000 亿千瓦时和 20000 亿千瓦时。而对于光伏发电，基本情景下，预计到 2020 年、2030 年和

2050 年，中国光伏累计装机容量分别达 1 亿千瓦、4 亿千瓦和 10 亿千瓦，光伏发电量分别达 1400 亿千瓦时、4200 亿千瓦时和 14 000 亿千瓦时。2014 年国务院办公厅发布的《能源发展战略行动计划（2014—2020 年)》中提出，计划到 2020 年光伏装机规模要达到 1 亿千瓦，而到 2050 年，风电和光伏发电将占全国电力装机的 50% 以上。因此可以预见，在现有的政策指引下，风电和光伏发电装机容量仍会持续增长。

第二节 我国新能源发展支持政策

21 世纪以来，我国政府为应对全球气候变化、保障能源安全、促进农村偏远地区发展，通过制定新能源发展规划、设立明确的新能源发展目标、出台大量配套政策，逐步消除可再生能源发展面临的成本过高、融资困难等障碍，初步建立起可再生能源产业体系，大力推进了可再生能源的产业化和规模化发展。

《可再生能源法》是统领我国可再生能源政策和法规的基本法律框架，确立了可再生能源在我国整个能源结构中的重要地位，明确了国家支持可再生能源发展的政策方向。《可再生能源法》的颁布和施行有力地促进了可再生能源的开发利用，在我国可再生能源的发展历史上具有里程碑意义。

以《可再生能源法》为核心，针对可再生能源在开发利用过程中出现的高于传统能源的成本和风险，我国采取了一系列经济激励措施，基本建立了以上网电价、专项资金、财政贴息贷款、税收优惠等为核心手段的经济支持政策体系。

一、明确规划与发展目标

制定发展规划是我国政府一种重要的产业政策措施，规划一般会提出中长期发展目标及重点发展方向。2007 年颁布的《可再生能源

中长期发展规划》首次提出到 2010 年，全国风电装机总容量达到 500
万千瓦，到 2020 年，全国风电装机容量达到 3000 万千瓦。这一目标
远远低估了风电行业的发展速度，在规划颁布当年就提前实现了 2010
年的装机总容量目标，2010 年超额实现了 2020 年的装机总容量目标。
2008 年颁布的《可再生能源发展"十一五"规划》把发展目标修正
为 2010 年风电装机总容量达到 1000 万千瓦。2009 年在联合国气候变
化大会上，我国承诺争取到 2020 年非化石能源占一次能源消费比例
达到 15% 左右；单位国内生产总值（Gross Domestic Product，GDP）
二氧化碳排放量比 2005 年降低 40% ~ 45% 的目标。为达到上述目标，
考虑到我国水电、核电和其他清洁能源发展水平和技术条件，测算后
的风电发展规模 2020 年要达到 1.5 亿千瓦以上。因此，在《能源发展
"十二五"规划》和《可再生能源发展"十二五"规划》中风电发展
目标为 2015 年末装机总容量达到 1 亿千瓦；《能源发展战略行动计划
（2014—2020 年）》提出，2020 年风电装机总容量达到 2 亿千瓦。

　　除国家层面的规划外，各地也根据当地风能资源和建设条件，纷纷
提出百万千瓦级、千万千瓦级风电基地的规划。据不完全统计，仅
2008 ~ 2010 年，各地就规划了 8 个千万千瓦级风电基地、20 多个百万
千瓦级风电基地。明确的规划与不断升级的发展目标为风电发展提供了
稳定的预期，增强了市场各方的信心。

二、价格支持政策

　　《可再生能源法》建立了费用分摊制度，即电网企业根据规定的上
网电价收购可再生能源电量所发生的额外费用，通过在全国范围内征收
的可再生能源电价附加予以补偿。2006 年 1 月 4 日，国家发展和改革委
员会颁布了《可再生能源发电价格和费用分摊管理试行办法》（发改价
格［2006］7 号，以下简称《试行办法》），规定要根据不同可再生能
源技术特点和经济性，明确上网电价定价方式和水平；明确可再生能源

发电上网电价超出部分由全体电力用户分摊的原则，确定分摊水平、具体的征收、支出的管理办法。实施费用分摊政策，可以减少电网企业的损失，促进可再生能源增量成本在全社会的分摊，调动电网企业消纳可再生能源电力的积极性。

（一）风电固定电价

我国的风电价格政策，主要经历了五个阶段：完全竞争上网的阶段（20世纪90年代初到1998年左右）、审批电价阶段（1998年左右到2003年）、招标和审批电价并存阶段（2003~2005年）、招标加核准方式阶段（2006~2009年）、固定电价阶段（2006年以后）。

在2003~2009年组织的五轮风电特许权招标项目的基础上，国家发展和改革委员会于2009年7月出台了陆上风电上网的电价新政策，将全国分为四类资源区，规定了各区风电上网的标杆电价，分别为0.51元/千瓦时、0.54元/千瓦时、0.58元/千瓦时、0.61元/千瓦时（表2-1）。表2-2总结了上网电价水平在随后几年进行的调整。

表2-1　2009年全国陆上风力发电标杆上网电价表

[单位：元/千瓦时（含税）]

资源区	2009年新建陆上风电标杆上网电价	各资源区所包括的地区
Ⅰ类资源区	0.51	内蒙古自治区除赤峰市、通辽市、兴安盟、呼伦贝尔市以外其他地区；新疆维吾尔自治区乌鲁木齐市、伊犁哈萨克族自治州、克拉玛依市、石河子市
Ⅱ类资源区	0.54	河北省张家口市、承德市；内蒙古自治区赤峰市、通辽市、兴安盟、呼伦贝尔市；甘肃省嘉峪关市、酒泉市；云南省

资源区	2009 年新建陆上风电标杆上网电价	各资源区所包括的地区
Ⅲ类资源区	0.58	吉林省白城市、松原市；黑龙江省鸡西市、双鸭山市、七台河市、绥化市、伊春市，大兴安岭地区；甘肃省除嘉峪关市、酒泉市以外其他地区；新疆维吾尔自治区除乌鲁木齐市、伊犁哈萨克族自治州、克拉玛依市、石河子市以外其他地区；宁夏回族自治区
Ⅳ类资源区	0.61	除Ⅰ类、Ⅱ类、Ⅲ类资源区以外的其他地区

表 2-2　全国陆上风电上网标杆电价调整

文件	发布日期	适用项目	上网电价
发改价格〔2009〕1906 号	2009/7/20	2009 年 8 月 1 日后核准	各类资源区分别为 0.51 元/千瓦时、0.54 元/千瓦时、0.58 元/千瓦时、0.61 元/千瓦时
发改价格〔2014〕3008 号	2014/12/31	2015 年 1 月 1 日后核准以及 2015 年前核准但于 2016 年后投运	各类资源区分别为 0.49 元/千瓦时、0.52 元/千瓦时、0.56 元/千瓦时、0.61 元/千瓦时
发改价格〔2015〕3044 号	2015/12/22	2016 年 1 月 1 日后核准以及 2016 年前核准但 2017 年底前仍未开工建设的	各类资源区分别为 0.47 元/千瓦时、0.50 元/千瓦时、0.54 元/千瓦时、0.60 元/千瓦时
发改价格〔2016〕2729 号	2016/12/26	2018 年 1 月 1 日后核准	各类资源区分别为 0.40 元/千瓦时、0.45 元/千瓦时、0.49 元/千瓦时、0.57 元/千瓦时

（二）光伏发电电价

在光伏发电发展初期，光伏发电上网电价采取核准定价，依据项目的建设成本和生产周期，在保证合理盈利的原则下制订一个固定的上网价格。2008 年 7 月，国家发展和改革委员会将上海崇明岛前卫村 1000 千瓦、内蒙古鄂尔多斯 205 千瓦聚光光伏电站和宁夏 4 个光伏电站的上网电价核定为 4 元/千瓦时。2010 年，国家发展和改革委员会将宁夏太阳山 4 个光伏电站的临时上网电价核定为每千瓦时 1.15 元。

2011 年 7 月，国家发展和改革委员会首次对非招标太阳能光伏发电项目实行全国统一的标杆上网电价，规定 2011 年 7 月 1 日以前核准建设、2011 年 12 月 31 日以前建成投产、尚未核定价格的太阳能光伏发电项目，上网电价统一核定为 1.15 元/千瓦时。2011 年 7 月 1 日及以后核准的太阳能光伏发电项目，以及 2011 年 7 月 1 日之前核准但截至 2011 年 12 月 31 日仍未建成投产的太阳能光伏发电项目，除西藏仍执行 1.15 元/千瓦时的上网电价外，其余省（自治区、直辖市）上网电价均按 1 元/千瓦时执行。通过特许权招标确定业主的太阳能光伏发电项目，其上网电价按中标价格执行，中标价格不得高于太阳能光伏发电标杆电价。对享受中央财政资金补贴的太阳能光伏发电项目，其上网电量按当地脱硫燃煤机组标杆上网电价执行。

2013 年 8 月，根据各地太阳能光伏发电资源条件和建设成本，国家发展和改革委员会将全国划分为三类资源区，制订了相应的光伏电站上网电价。对于 2013 年 9 月 1 日后备案（核准），以及 2013 年 9 月 1 日前备案（核准）但于 2014 年 1 月 1 日及以后投运的光伏电站项目，依据其所在的资源区，上网标杆电价分别为 0.90 元/千瓦时、0.95 元/千瓦时和 1.0 元/千瓦时。对分布式光伏发电实行按照全电量补贴的政策，电价补贴标准为 0.42 元/千瓦时。2015 年之后对光伏发电上网电价进行了几轮调整，详细见表 2-3。

我们可以看出，在最早实行统一标杆电价时期，国家发展和改革委员会规定的标杆电价是略高于特许权招标的中标电价的。也就是说，国家从政策上保证了光伏发电项目在投产后可以得到一个固定的比较高的收益。因此，从 2012 年开始，我国的光伏发电装机容量开始出现大规模增长。之后因为技术的发展，国家发展和改革委员会小幅下调了上网标杆电价，但是因为各种配套和优惠措施的出台，光伏发电仍然保持着大幅发展的势头。

表2-3 光伏发电上网标杆电价调整（单位：元/千瓦时）

文件	发布日期	适用项目	上网电价
发改价格〔2011〕1594号	2011/7/24	2011年7月1日以前核准建设且2011年12月31日前建成投产	1.15
发改价格〔2011〕1594号	2011/7/24	2011年7月1日及以后核准以及2011年7月1日之前核准但截至2011年12月31日仍未建成投产	1
发改价格〔2013〕1638号	2013/8/26	2013年9月1日后备案（核准），以及2013年9月1日前备案（核准）但于2014年1月1日及以后投运的光伏电站项目	0.90、0.95、1.0
发改价格〔2015〕3044号	2015/12/22	2016年1月1日以后备案以及2016年以前备案但2016年6月30日以前仍未全部投运的	0.8、0.88、0.98
发改价格〔2016〕2729号	2016/12/26	2017年1月1日以后纳入财政补贴年度规模管理的以及2017年以前备案并纳入以前年份财政补贴规模管理，但于2017年6月30日以前仍未投运的	0.65、0.75、0.85
发改价格〔2017〕2196号	2017/12/19	2018年1月1日以后纳入财政补贴年度规模管理的以及2018年以前备案并纳入以前年份财政补贴规模管理，但于2018年6月30日以前仍未投运的	0.55、0.65、0.75

三、保障性收购

《可再生能源法》明确规定，国家实行可再生能源发电全额保障性收购制度。这意味着，在保证电网安全的前提下，合法成立的可再生能源发电企业的所有发电量应由电网全额收购（表2-4）。随着消纳矛盾不断加剧以及我国电力市场新一轮改革的开启，2016年上半年国家发展和改革委员会发布《可再生能源发电全额保障性收购管理办法》，对全额保障性收购做出了更为具体的定义：可再生能源发电全额保障性收购是指电网企业（含电力调度机构）根据国家确定的上网标杆电价和保障性收购利用小时数，结合市场竞争机制，通过落实优先发电制度，在确保供电安全的前提下，全额收购规划范围内的可再生能源发电项目的上网电量。

表2-4　风电和光伏发电最低保障小时数

风电			光伏发电		
资源区	地区	最低保障小时数	资源区	地区	最低保障小时数
I类资源区	内蒙古自治区除赤峰市、通辽市、兴安盟、呼伦贝尔市以外其他地区	2 000	I类资源区	宁夏回族自治区	1 500
	新疆维吾尔自治区乌鲁木齐市、伊犁哈萨克族自治州、克拉玛依市、石河子市	1 900		青海省海西蒙古族藏族自治州	1 500
II类资源区	内蒙古自治区赤峰市、通辽市、兴安盟、呼伦贝尔市	1 900		甘肃省嘉峪关市、武威市、张掖市、酒泉市、敦煌市、金昌市	1 500
	河北省张家口市	2 000		新疆维吾尔自治区哈密市、塔城地区、阿勒泰地区、克拉玛依市	1 500
	甘肃省嘉峪关市、酒泉市	1 800		内蒙古自治区除赤峰市、通辽市、兴安盟、呼伦贝尔市以外地区	1 500

风电			光伏发电		
Ⅲ类资源区	甘肃省除嘉峪关市、酒泉市以外其他地区	1 800	Ⅱ类资源区	青海省除Ⅰ类外其他地区	1 450
	新疆维吾尔自治区除乌鲁木齐市、伊犁哈萨克族自治州、克拉玛依市、石河子市以外其他地区	1 800		甘肃省除Ⅰ类外其他地区	1 400
	吉林省白城市、松原市	1 800		新疆维吾尔自治区除Ⅰ类外其他地区	1 350
	黑龙江省鸡西市、双鸭山市、七台河市、绥化市、伊春市，大兴安岭地区	1 900		内蒙古自治区赤峰市、通辽市、兴安盟、呼伦贝尔市	1 400
	宁夏回族自治区	1 850		黑龙江省、吉林省、辽宁省	1 300
Ⅳ类资源区	黑龙江省其他地区	1 850	Ⅲ类资源区	河北省承德市、张家口市、唐山市、秦皇岛市	1 400
	吉林省其他地区	1 800		山西省大同市、朔州市、忻州市	1 400
	辽宁省	1 850		陕西省榆林市、延安市	1 300
	山西省忻州市、朔州市、大同市	1 900		除Ⅰ类、Ⅱ类资源区以外的其他地区	无

资料来源：国家发展和改革委员会2016年5月27日发布的《关于做好风电、光伏发电全额保障性收购管理工作的通知》。http：//www.ndrc.gov.cn/gzdt/201605/t20160531_806133.html。

四、财政支持政策

财税政策是对项目投资效益影响最直接的政策。尤其是所得税和增值税的优惠相当程度地降低了投资企业的负担，改善了项目的经济性。可再生能源财税优惠政策可以大大减少企业投资、开发可再生能源发电的成本和风险，对提高可再生能源发电市场对社会投资的吸引力、促进可再生能源发电市场扩大有着重要作用。

财政支持的范围包括技术研发、试验示范和规模化推广等可再生能源发展的各个阶段，支持的手段主要是财政补贴和税收优惠。国家财政设立可再生能源发展基金，资金来源包括财政年度安排的专项基金和已发征收的可再生能源电价附加收入等。我国从 2006 年开始征收可再生能源电价附加费，为 0.1 分/千瓦时，以补贴可再生能源发电项目中的上网电价高于当地脱硫燃煤机组标杆上网电价的差额。可再生能源电价附加从 2006 年开始征收已经历经 5 次上调，2019 年已达 1.9 分/千瓦时。

为支持风电设备生产，2008 年财政部颁布《风力发电设备产业化专项资金管理暂行办法》（财建［2008］476 号）规定，为支持风电设备关键技术研发，加快风电产业发展，财政部采取"以奖代补"方式支持风电设备产业化。

国家对风电场实行多重税收减免政策，主要包括所得税"三年三减半"，即风电场前三年运营期间完全免除所得税，之后的三年免除一半的所得税；增值税享受即征即退 50% 的政策。2009 年增值税改革允许将中间成本和固定投资作为税收扣除项，大幅降低了风电场税收负担。

为鼓励利用太阳能光伏发电，2013 年 9 月，财政部下发《关于光伏发电增值税政策的通知》（财税［2013］66 号）规定，对纳税人销售自产的利用太阳能生产的电力产品，实行增值税即征即退 50% 的政策。另外在所得税方面征收 15% 的优惠所得税税率，出口平均实行 17% 的退税率。

2015 年 9 月国家电网下发的《关于做好分布式电源项目抄表结算工作的通知》规定，分布式项目中的全额上网项目暂停结算补助资金，待财政部公布补贴目录以后再行结算（参照地面电站的补贴发放流程）；"自发自用、余电上网"模式的分布式项目不受影响，不需要进入补贴目录即可拿到 0.42 元/千瓦时的补贴，仍由国家电网先行垫付。

2013 年国务院发布的《国务院关于促进光伏产业健康发展的若干意见》中，要求在价格、补贴、财税、金融和土地使用各方面均对光伏发电进行大力支持。为此，后续的诸多政策都是在这几方面的具体落实政策。同时，国家能源局在 2014 年和 2015 年都制订了当年的光伏发电装机发展目标，并要求各省份根据自己的情况分别制订自己的发展目标。除此之外，还有一些规范项目管理、推行示范区或示范工程的政策。

第三节　我国新能源消纳矛盾特征

在风电和光伏发电装机快速发展的同时，"弃风""弃光"现象却成了挥之不去的梦魇。伴随着我国新能源快速发展的一个特有现象是一些行业短期内出现大量投资，进而产生阶段性产能过剩。根据国家能源局公布数据，2011～2018 年，我国"弃风率"持续高位运行，2016 年高达 17%，而 2015 年德国"弃风率"仅为 1%。我国高"弃风率"带来巨大资源浪费。虽然我国 2015 年风电并网装机量约是美国的 1 倍，但发电量却低于美国。2016 年我国"弃风"总量高达 497 亿千瓦时，相当于希腊当年用电需求；同年风电企业直接损失的售电收入约为 200 亿元。另外，发展可再生能源的重要驱动力之一是替代化石能源，减少化石能源燃放带来的碳排放与污染物排放。但是，超预期的"弃风率"极大地推高了碳减排成本，根据 Lam 等（2016）的估计，参加 CDM 的风电减排成本要比预估成本高出 4～6 倍。

一、"弃电率"虽有波动，但长期处于高位运行

我国风电装机从 2009 年开始进入高速发展，2011 年全国"弃风率"就高达 11%。虽然在 2011～2018 年呈现波动，但总体在高位运行，最低"弃风率"也在 7% 以上。2011 年后"弃风"现象出现两个周期，2012 年"弃风率"创纪录高达 17% 后，在 2013～2014 年出现短暂下降；2014～2016 年又重新攀升，2016 年又高达 17%，2017 年后连续两年下降。2012 年光伏发电装机容量开始大幅增长，大规模"弃电"

则从 2014 年后就开始发生。2014～2016 年"弃光率"均高于 10%，从 2017 年"弃光率"开始下降。2018 年"弃光率"和"弃光量"发生双降，大部分"弃电"限电严重地区形势开始好转（图 2-5，图 2-6）。

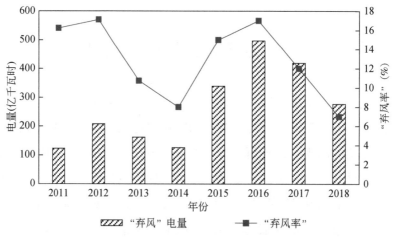

图 2-5　我国风电 2011～2018 年"弃风"电量与"弃风率"

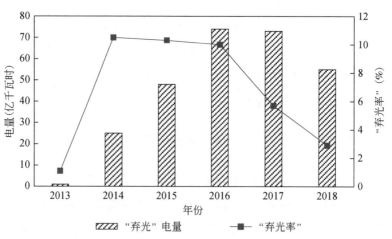

图 2-6　我国光伏 2013～2018 年"弃光"电量与"弃光率"

二、"弃风"与"弃光"主要集中在"三北"地区

由于我国风电与光伏发电装机主要分布在资源丰富的省份，因此"弃风"与"弃光"主要集中在装机大省。如图2-7所示，2013～2017年，"弃风"电量合计最高的前三个省（自治区）为内蒙古、新疆和甘肃，分别为410亿千瓦时、367亿千瓦时和323亿千瓦时，"弃风率"分别约为16%、29%和32%。

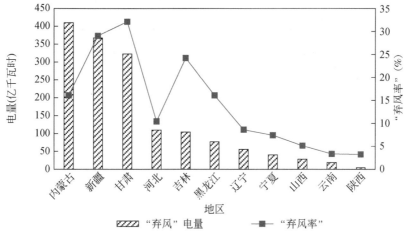

图2-7   2013～2017年间"弃风"电量和平均"弃风率"

2015年西北地区光伏发电开始出现严重消纳问题，当年甘肃和新疆"弃光率"分别达31%和26%；2016年新疆和甘肃的"弃光率"为32%和30%，宁夏、青海和陕西等也开始出现"弃光"；2017年和2018年光伏消纳矛盾有所缓解，甘肃和新疆"弃光率"逐步下降，但仍高位运行在15%左右。

三、消纳矛盾严重制约新能源可持续发展

我国的电力生产结构以火电为主，且煤炭利用还不够清洁，其生产

过程中不可避免会产生污染和二氧化碳排放。大力发展清洁能源、大幅增加生产供应，是优化能源结构、实现绿色发展的必由之路。"弃风"和"弃光"带来巨大资源浪费，2010～2016 年，因"弃风"所造成的总电量损失接近 1450 亿千瓦时，相当于 2015 年三峡、葛洲坝水电站的年发电量总和；"弃风"造成的直接经济损失约 750 亿元。

"弃风"和"弃光"给新能源的行业健康发展带来了巨大负面影响，风电场和光伏电站无法按照设计小时数进行发电，影响企业投资收益，进而影响投资意愿，打击了社会资本进入新能源投资领域的信心。新能源消纳问题不仅影响新能源发电产业长期健康发展，也严重制约我国能源行业的低碳转型，为要实现 2020 年 15% 非化石能源比例目标带来巨大挑战。

第三章　新能源消纳矛盾产生的成因辨析

中国新能源发展的悖论在于，中国急于进行能源转型以减少对煤炭的依赖，并减轻碳排放和空气污染等相关要素；然而同时，数以百万计的风机设备闲置，清洁能源被弃置。什么原因导致新能源如此高的"弃电率"？这是一个重要的研究问题，具有深远的政策意义。

我们认为，新能源消纳问题具有复杂性与动态性。消纳困境的直接原因是新能源区域发展不均衡，装机集中在西部和北部地区，而我国电力消费主要集中在东部沿海和中部地区，这种装机中心与负荷中心的分离使得新能源电力无法本地消纳，需要长距离运输到负荷中心。

而造成新能源装机过于集中在资源中心的原因是多方面的，既有客观资源禀赋因素，也有政策设计缺陷与制度障碍。现有文献对于我们理解新能源消纳矛盾的成因具有重要启示意义，但也存在几点不足：一是大多文献是定性分析，缺乏定量研究；二是对政策因素强调不足，而我们认为这是造成新能源产业过剩、区域分布不均，进而产生消纳困局的重要因素；三是从缺乏动态视角看待新能源消纳问题，不同时期新能源消纳的主要矛盾其实并不相同，解决问题需要对症下药。本节在现有文献综述的基础上，对新能源消纳矛盾产生原因进行梳理、总结与辨析，将原因分为资源禀赋因素、规划因素、政策因素、制度因素，并辨析这些因素在不同时期的作用，为接下来的实证分析提供一个分析框架。

第一节　禀　赋　因　素

我国风能和太阳能资源可以概括为资源总量丰富，但区域分布不均衡。我国陆地风能资源可开发量约为 23.8 亿千瓦，海上风能资源可开发量约为 2 亿千瓦；全国陆地总面积 2/3 以上地区年日照时数大于 2000 小时，我国陆地面积每年接收的太阳辐射总量相当于 24 000 亿吨标准煤的储量。与此同时，我国风能资源与太阳能资源丰富地区都集中在西部和北部地区。我国陆地 80% 以上的风能资源分布在"三北"地区，太阳能资源也是"高原大于平原、西部大于东部"。

但是，风能与太阳能资源的分布与电力负荷则呈逆向关系。我国电力消费主要集中在东部沿海和中部地区。2017 年，内蒙古、新疆、河北、甘肃、宁夏和东北三省的风电累计装机容量约占全国总容量的 2/3，而电力消费只约占全国电力消费总量的 23%；内蒙古、陕西、青海、甘肃、宁夏和新疆的光伏电站发电量约占全国光伏电站发电量的 49%，而其电力消费只约占到全国电力消费总量的 15%[①]。为满足中东部地区经济发展和人民生活用电的需求，我国需要建设大容量、跨区域输电网络，将电力输送到负荷密集的中东部地区。

第二节　规　划　因　素

一、早期发展规划以集中式开发为主

2007 年，我国首次在《可再生能源中长期发展规划》为风电、光

[①] 国家能源局.2017 年风电并网运行情况，2018-02-01，http://www.nea.gov.cn/2018-02/01/c_136942234.htm，2018 年 3 月 1 日。

伏发电等可再生能源发展设定装机总量发展目标，之后发展目标不断调整升级。在稳定的市场预期和较高的经济利益激励下，新能源产业实际发展速度远超过政府预期；并提出，到2020年，全国风电装机容量达到3000万千瓦，这一目标在2010年就被超额实现。在《能源发展"十二五"规划》和《可再生能源发展"十二五"规划》中风电发展目标为2015年末装机总容量达到1亿千瓦，这一目标也在2014年提前达到。《可再生能源发展"十三五"规划》提出，计划到2020年风电装机容量达到2.1亿千瓦，光伏装机容量达到1.05亿千瓦。截至2018年，我国风电装机容量已达1.84亿千瓦，离该装机容量目标已经不远。而经过2017年光伏的快速增长，截至2018年我国已有1.74亿千瓦的光伏装机容量，已经提前完成《可再生能源发展"十三五"规划》的目标。明确的发展规划与不断升级的发展目标对于促进我国新能源发电产业快速发展起到了重要作用。

资源集中分布也促使我国早期发展规划主导思想是在资源条件较好的地方进行集中式开发。2008年，我国开始启动多个千万千瓦级风电基地规划和建设工作，《能源发展"十二五"规划》《风电发展"十二五"规划》提出，到2015年底，大型风电基地装机容量应达到7900万千瓦，占规划量的79%。这些大型基地主要分布在河北、内蒙古、甘肃、新疆、吉林、黑龙江、江苏及山东的"三北"地区和沿海地区。《能源发展"十二五"规划》中太阳能电站开发规模也占到整体开发规划的50%以上，分布在青海、甘肃、新疆、内蒙古、西藏、宁夏、陕西、云南及华北、东北地区。

二、发电规划与电网规划脱节造成入网困难

风电接入电网困难是风电大规模高速发展时期遇到的主要困难。首先，在风电连续5年（2007～2012年）超常规发展的背景下，风电场

开发与电网建设速度无法同步。例如，2007 年我国制定的《可再生能源中长期发展规划》提出的全国风电装机容量目标已经在 2010 年提前 10 年实现，风电发展速度远远快于原有规划的速度，但是电网建设速度难以适应风电超常规发展的需要（汪宁渤等，2011）。由于电网的自然垄断属性，各地的输配电网主要由当地电网公司独家投资建设并承担相应成本。对于电网公司而言，新建输电线路，在经济上需核算成本收益；在建设上，需要经过规划、可行性研究、评估、立项、征地拆迁、施工等诸多流程和环节，一般需历时 2～3 年；而风电场建设周期要远远小于电网建设周期。调研中发现，风电场经常采取自建输电线路接入最近的电网，自建部分之后由电网回购。另外，按照之前的核准办法，我国 5 万千瓦以下的风电场项目由省一级投资主管部核准即可，无须上报国家能源局。正是由于缺乏相关规范文件，各地大量上马 5 万千瓦以内的风电场项目或将大项目化整为零规避审批，从而导致地方风电场项目与国家新能源开发整体规划冲突、与电网整体规划不协调，也造成了大量风电机组无法及时接入电网。

随着新能源装机规模的扩大，尤其是大型集中式风电基地主要分布在"三北"地区，电源规划与输电规划不协调，缺乏电网规划来满足这些发电基地的输电需求，矛盾就不断突显（Wang，2016）。虽然在《风电发展"十二五"规划》中已经明确提出"在风电项目集中开发且已出现并网运行困难的内蒙古、新疆、甘肃和东北地区，加强配套电网建设，结合电力外送通道建设，扩大风电的市场消纳范围"，但是配套输送通道建设工程滞后，造成一些地区存在风电送出"卡脖子"现象。表 3-1 列出了"十二五"规划的风电大型基地，以及这些基地配套输电线路的建设状况。从表中可以看出，大规模风电基地的规划及建设要远远领先于输电项目的规划和建设。

表 3-1 "十二五"规划的大型风电基地与配套设施 （单位：万千瓦）

风电基地	规划装机容量	消纳市场	配套设施建设
河北	1 100	京津唐主网、河北南网	没有规划
蒙东	800	东北电网	没有规划
蒙西	1 300	蒙西电网、华北电网	建设中
吉林	600	吉林省电网、东北电网	没有规划
江苏沿海	600	江苏省电网、华东电网	—
甘肃	1 100	甘肃省电网、西北电网	建设中
新疆	1 000	新疆电网	已完工
山东	800	山东省电网	—
黑龙	600	黑龙江省电网、东北电网	没有规划

第三节　政　策　因　素

政策因素是文献中常被忽视的因素，也是本书第四章重点研究的内容，这里我们仅做简单总结。以 2005 年《可再生能源法》的颁布为开端，我国陆续出台了诸多支持可再生能源发展的政策措施，形成了较为完备的法律政策体系。其主要包括：①明确规划与发展目标；②全额保障性收购政策；③固定上网电价政策；④税收优惠政策。我们认为这些支持政策在鼓励新能源发电大规模发展起到重要作用的同时，但也加剧了新能源地区分布不均衡、"弃风率"和"弃光率"高现象的发生。

一、上网电价未及时调整引发产能过剩

一个令人费解的现象是，为什么在风能资源丰富的地区从 2009 年开始出现严重"弃风"后，企业仍然有动力继续在那里投资？以甘肃

省为例,2011 年和 2012 年"弃风率"高达 11.7% 和 24%,但是到 2015 年风电装机容量比 2012 年翻了一番,单个省份风电装机容量约占全国风电总装机容量 10%,风电发展区域不均衡进一步加剧。一个可能的原因是,风电固定上网电价初始设定水平比较高,并且没有随着发电成本下降而及时调整,较高的利润引发了企业的投资冲动。

我国对风电的价格支持政策,始于 2003 年的特许权招标。这一阶段的中标电价为 2009 年开始实施的固定上网电价制度,提供了重要的参考标准。2008 年特许权招标项目中标均价在 0.53 元/千瓦时,2009 年开始实施标杆上网电价制度,划分的四类资源区标杆电价中,最低为 0.51 元/千瓦时,最高为 0.61 元/千瓦时。2009~2014 年,全球陆上风电的平均成本下降了 50%,而同期我国风电标杆上网电价没有任何调整。较高的电价水平和持续下降的装机成本,使得企业能够获得较高的利润。通过对河北省张家口市和甘肃省的调研发现,2015 年在较高的"弃风率"下,很多风电发电企业仍有盈余。

二、支持政策加重装机区域分布不均

另一个造成风电和太阳能光伏发电装机集中在西部地区的原因是,投资者在选择投资区域时更关心发电成本,而对需求因素考虑不足,使得新能源装机容量集中在我国西部和北部,而这些地区远离东部沿海和中部的电力负荷中心。投资者之所以对需求因素考虑不足,很大程度上是由全额保障性收购政策和固定上网电价政策造成的。对投资者来说,全额保障性收购意味着,电发多少就可以卖多少,固定上网电价意味着,不会因为供给过多需要降价出售。两者共同保障了一个稳定的预期收益,导致影响利润的因素只剩成本,因此投资者非常理性地选择在风力资源较为丰富、发电成本较低的地区进行投资。

政府保障性收购制度给企业提供了较高的投资回报预期。为了解决"弃风""弃光"问题,2016 年,国家发展和改革委员会下发《可再生能源发电全额保障性收购管理办法》①、国家发展改革委员会与国家能源局联合下发《关于做好风电、光伏发电全额保障性收购管理工作的通知》，对可再生能源消纳困难的省份规定了最低保障收购年利用小时数。这些文件出台的进步意义在于，这是对《可再生能源法》中规定的全额收购的修正，主管机构承认和接受很多地区无法真正做到全额收购的现实。但同时，对很多地区来说，规定的最低保障小时数仍然远远高于实际利用小时数，地方实行起来有困难（表3-2）。以甘肃省为例，2015 年"弃风率"达到 39%，实际利用小时数为 1184 小时，远远低于1800 小时的最低保障性收购。

表 3-2　2015 年部分省级行政单位的"弃风率"、利用小时数与最低保障小时数

省级行政单位	"弃风率"（%）	利用小时数	最低保障小时数
甘肃	39	1184	1800
吉林	32	1430	1800
新疆	32	1571	最低 1800
黑龙江	21	1520	最低 1850
新疆生产建设兵团	19	1560	最低 1800
内蒙古	18	1865	最低 1900
宁夏	13	1614	1850
辽宁	10	1780	1850

注：风电最低保障收购年利用小时数根据资源区制订，对于拥有一个资源区以上的省级行政单位，列出最低保障小时数。

资料来源：最低保障小时数摘自《关于做好风电、光伏发电全额保障性收购管理工作的通知》附件《风电重点地区最低保障收购利用小时数核定表》，国家发展和改革委员会与国家能源局 2016 年 5 月 27 日联合发布。http://www.ndrc.gov.cn/gzdt/201605/t20160531_806133.html。

---

① 《可再生能源发电全额保障性收购管理办法》明确规定了可再生能源并网发电项目年发电量分为保障性收购电量部分和市场交易电量部分。保障性收购电量部分通过优先安排年度发电计划、与电网公司签订优先发电合同（实物合同或差价合同），以保障全额收购。市场交易电量部分，由可再生能源企业通过参与市场竞争方式获得发电合同，并通过优先调度执行发电合同。

较高的保障性收购小时数，可能加剧新能源的“弃电”。规定最低保障性收购小时数意味着政策兜底，对于风电装机存量来说，较高的保障性收购小时数降低了其参加电力市场竞争的意愿。更为重要的是，在存量问题没有解决的情况下，新增装机量仍然源源不断地在上升。这在各地发布的能源“十三五”规划中可以得到佐证。例如，内蒙古2020年的风电发电装机容量目标计划在2015年的基础上再增加近1倍，达到4500万千瓦；光伏发电装机目标为1500万千瓦，是2015年并网装机容量的3倍有余。[①] 河北省2020年的风电和光伏发电装机容量目标，分别比2015年增加1倍和接近5倍，达到2080万千瓦和1500万千瓦。[②] 这些装机容量目标的攀高，并非地方政府的一厢情愿。我们在对甘肃和河北张家口进行实地调研时发现，虽然目前这些地区限电严重，但投资者仍有热情进行新的投资。这恰恰是最低保障性收购的兜底性政策给市场投资主体这样的一种预期：目前过高的可再生能源“弃电率”是暂时性困难，只要度过这个阶段，盈利终将来临。而风能、太阳能和其他自然资源一样具有稀缺性，早开发者具有先发优势，投资者希望抢先占有这种资源。

第四节　制　度　因　素

大规模新能源“弃电”更深层次的原因在于传统电力体制无法适应大规模新能源消纳。从1978年实行改革开放政策以来，我国在各个领域进行市场化改革，市场经济逐步取代计划经济成为配置资源的主要方式。自2002年电力体制改革实施以来，电力行业破除了独家办电的体制束缚，从根本上改变了指令性计划体制和政企不分、厂网不分等问

①　内蒙古自治区政府，内蒙古自治区能源发展“十三五”规划，2017年9月。

②　河北省政府，河北省可再生能源发展“十三五”规划，2016年10月。

34

新能源消纳问题研究

题，初步形成了电力市场主体多元化竞争格局。但是，在 2015 年新一轮改革之前的电力体制仍是以计划管理体制为主，投资实行项目审核制度、发电实行计划管理制度、价格实行电价审批制度，具有鲜明的计划色彩，距离党的十八大提出的"要使市场在资源配置中起决定性作用"的要求仍有很大距离，存在着很多深层次的矛盾和问题（谷峰和潇雨，2018）。传统电力体制不适应新能源发电消纳主要表现在以下几个方面。

一、电力配置以计划为主，实行"三公"调度

我国原有的电力运行仍然是计划为主，电厂调度不是基于发电成本最低的优先顺序进行，而是按照"公开、公平、公正"调度（"三公"调度）的方式进行。"三公"调度指的是给年代相仿同类型同容量机组利用小时基本相当，厂网双方严格执行已签订合同，各电厂的电量完成进度尽可能相近。发电计划主要由各省级政府制定，通过年度发电计划管理其辖区内的发电机组，该计划确定发电机组的年发电时间。省级电网公司将其分解为月度和日常调度计划并负责执行该计划（Qi et al., 2018）。

虽然早在 2007 年，节能调度就已开始推行，要求按照节能、经济的原则，优先调度可再生发电资源，按机组能耗和污染物排放水平由低到高排序，依次调用化石类发电资源，最大限度地减少能源、资源消耗和污染物排放，但实际执行效果并不好，图 3-1 描述了我国统调电厂供电标准煤耗与年平均利用小时数的散点。按照节能减排工作的要求，应安排大容量、低能耗机组多发电，也即是尽可能安排图 3-1 中左上角那些供电煤耗低、供电能源效率高的"领跑"电厂获得更多的发电小时数，这将有效地降低整个电力行业的平均供电煤耗水平；但与此同时，左下角高能效电厂的生产能力并没有得到充分利用，仅获得了较少的发电小时数；相反，右上角那些供电煤耗高、供电能源效率低的"落后"电厂却获得了较高的发电小时，这无疑将部分阻碍高能效电厂对全行业

供电煤耗带来的改进。

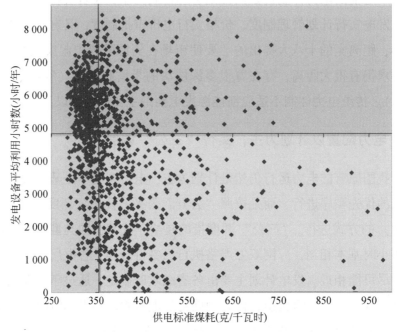

图 3-1　不同效率机组平均利用小时数

数据来源：电力工业统计资料汇编，2013。

　　虽然各地在年度计划中为清洁能源预留了电量空间，但最后预留空间往往利用不足，可再生能源全额保障性收购政策落实困难。长期以来我国电力运行一直采用年度、月度和日前发电计划管理的方式，各类电厂发电量主要依靠发电计划来落实。我国电源结构以煤电为主，由于燃煤机组启动时间长，从冷启动到并网运行，一般需要 10～14 小时，同时，燃煤机组启动过程需要大量投油，启动成本高，一般很难用于启停调峰。基于煤电运行特性，现行电网运行方式一般是提前 1 个月制订机组启停、检修和发电组合计划。但是，从风电、光电等清洁能源来看，目前风电、光伏发电有效预测结果不超过 3 天，预测精度还不高，还不能完全纳入机组组合，只能纳入短期电力电量平衡，这样，从运行方式安排上制约了清洁能源的多发、满发。

二、电价以审批为主，市场化定价机制尚未完全形成

我国电价仍然实行政府定价。新机组上网电价由国家按照经营期限根据某一地区的电力企业的社会平均成本加合理利润率和税收规定地区统一的标杆电价，老机组原有电价逐步统一。上网电价与燃料价格实行煤电联动。销售侧根据用户分类，政府制订电价目录。输配电价没有明确的制定机制，主要表现为平均销售电价和上网电价的差价及网损。电价结构组成中，终端售电价格是由发电、输电、配电、销售四个环节的价格相加组成，各个环节均由政府制订，在电价结构当中绝大部分是由发电环节构成。

（一）单一固定上网电价无法体现灵活性价值

单一电量价格机制不能反映不同能源发电的技术优势、环境价值和容量价值。在目前的单一电量价格机制下，发电企业主要依靠发电量获得收入，没有容量价格，煤电为具有季节性、随机性、波动性的水电、风电、光伏等清洁能源电力提供备用容量的价值无法体现，调峰潜力难以充分发挥。这种机制导致发电主体依赖规模和发电小时数来保障收益和投资回报，从而制约可调节电源提供容量服务、辅助服务的积极性。

风电、光伏发电大规模消纳需要火电、水电等常规机组提供大量调峰、调压、备用等辅助服务。但目前尚未建立合理的辅助服务分担、补偿机制，常规电源参与系统调峰积极性不足。风电、光伏发电大规模并网消纳，必须依靠电力系统所有环节的深度参与和协作。目前没有建立调峰补偿机制，备用容量的裕度还不能完全适应清洁能源电力多发、满发的需要，必须采用市场机制提高各方提供辅助服务的积极性。由于风电属于波动性电源，其大规模接入电网对电力系统调峰、调频、调压和旋转备用等辅助服务提出了更高要求，火电、水电等其他发电机组必须

承担大量的调峰、备用等辅助服务迫切需要建立辅助服务市场机制，提高各方提供辅助服务的积极性。

（二）销售电价固化阻碍需求侧响应的实行

电力需求响应是指电力用户针对市场价格信号或激励机制做出响应并改变其电力消费模式的行为。基于市场信号的电价体制能够更好地反应电力供需的实际情况，更好地引导用户合理改变用电行为。欧美等发达国家经验表明，通过加强电力需求侧管理，运用电价政策改善用电负荷特性，可有效促进清洁能源多发、满发。我国电力用户参与需求响应仍处于试点阶段，改善电网负荷特性、增加负荷侧调峰能力的市场潜力还没有得到挖掘，支持清洁能源并网消纳的灵活负荷利用基本空白，迫切需要建立需求响应激励机制。目前我国风电消纳困难的"三北"地区还没有出台用户侧峰谷电价、分时电价等有利于低谷风电消纳的需求响应激励机制，利用价格政策改善电网负荷特性、增加负荷侧调峰能力的市场潜力没有得到挖掘。我国电力用户的负荷响应管理方式仍处于试点阶段，没有形成规模化利用及大范围推广。吉林、内蒙古等地虽然建设了清洁能源供热示范项目，但由于缺乏配套供热价格机制，相关经验难以实质性推广。总体来看，我国支持清洁能源并网消纳的需求响应机制目前仍基本空白。

（三）以省为单位实行电力平衡，跨省跨区交易较少

我国电力工业长期以来形成的"省为实体，就地平衡、分区域平衡"的发展模式。由于2011年前中国电力行业最大的问题是供给不足（Zeng et al.，2013），一个惯有的原则是一个省份内保持电力供需平衡。各省的电力需求首先由本省的装机满足，只有在电力短缺的情况下才寻求外省输电。因此，跨省电力交易很大程度上是作为高层能源战略的一部分来管理、指导和实施的，例如大型水电项目（如三峡大坝）和西—东、北

—南的电力走廊项目的电力分配。虽然中央政府从 2003 年开始鼓励跨省电力交易，通过在更大的市场内配置资源来提高能源效率，但交易量有限，跨省交易电力仅占全国电力消费总量的 10% 左右。

各地区对电力行业的发展定位会因经济发展阶段的差异而有所不同，导致对新能源认识态度不同。经济发展水平不同的地区会选择不同的产业结构，对电力行业的定位仅仅是其中一部分。相对而言，经济发展水平较高的地区更加注重环保，以北京、上海为例，其有意愿和能力挑战传统的产业结构，发展低耗电量、高附加值的第三产业，追求绿色GDP；与此同时，这些地区也更愿意推动电力行业的市场化，让更有效率的机组发电以减少污染物的排放，鼓励和支持清洁电的发展。而经济欠发达地区相对更加注重经济的发展，更偏向于以工业为主的产业结构，将电力行业视为带动本地经济发展的重要行业，在电力市场化改革中对电力行业采取保护的措施，结果出现了部分省份"宁要本省的火电，不要邻省的水电或者新能源""宁要本省的低效率机组发电，不要邻省高效率机组供电"的现象，形成了省际壁垒，阻碍了较大范围电力市场的建设（图 3-2）。

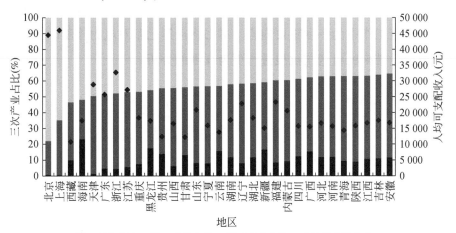

图 3-2 2014 年全国各省（自治区、直辖市）人均可支配收入与产业结构

第五节 小 结

新能源消纳是一个复杂、长期问题，也是由多种因素共同造成的。不同发展时期造成消纳困难的主要矛盾是动态变化的。在新能源发展初期，"重视资源、轻视市场；追求装机，忽视消纳"的规划思想造成了大型新能源基地过度集中在"三北"地区，而过度补贴与全额保障性上网也对投资者的投资热情推波助澜。本书第四章将提供实证分析，考察风电区域分布的决定因素，尤其是政策因素的作用。第五章则量化分析省级壁垒造成的市场分割对"弃风"造成的影响。第六章是针对我国提出的可再生能源配额政策，模拟未来我国可再生能源在各个地区如何优化配置，可以解决消纳难题。

随着新能源装机规模越来越大，占比越来越高，其波动性、间歇性与随机性也对现有电力系统的冲击越来越大，原有的计划为主的电力体制越来越不适应高比例新能源的消纳要求，急需改革。随着中共中央、国务院《关于进一步深化电力体制改革的若干意见》发布，新一轮电力体制改革正式启动，促进新能源并网消纳是本次电力体制改革实施方案和试点工作中的一项重要内容。本书将在第七章对电力体制改革为新能源消纳带来的机遇与挑战进行更为详细的分析。

第四章 实证分析一：支持政策与风电装机区域分布

第一节 引　　言

一、研究问题

为了降低对化石燃料的依赖，保障能源安全，近些年我国政府大力支持包括风电在内的可再生能源的发展。我国拥有丰富的风能资源，潜在可利用风能每年超过 550 亿千瓦。在成本下降和政策支持的驱动下，自 21 世纪初开始，我国的风电产能快速增长，目前位居世界第一位。截至 2014 年我国已拥有 76 421 台风机，装机容量达到 1.15 亿千瓦。

然而，我国风电发展呈现出明显的区域差异。尽管自 2010 年以来，几乎所有省（自治区、直辖市）都在风电领域进行了投资，但装机主要集中在我国西部和北部地区。表 4-1 展示了 2015 年各省（自治区、直辖市）风电发展潜力及累计风电装机容量。内蒙古、新疆、河北、甘肃、辽宁和黑龙江 6 省（自治区）的风电装机容量占风电总装机容量的一半以上。

He 和 Kammen（2014）对中国各省风电装机潜力进行估计，省级层面风电开发潜力差异巨大，范围从少于 100 万千瓦到超过 6 亿千瓦，并且中国北部（内蒙古，黑龙江，吉林，辽宁）和部分西部（西藏，新疆，青海，甘肃）的广大地区风能尤其丰富。但是，地区之间风能分布的差异并不能很好地解释风电发展的巨大地区差异，即使在风力资源潜力比较相似的省份，实际装机容量差异也可能很大。如表 4-1 所示，广西和陕西风电潜力相近，但陕西的风电装机容量是广西的 3 倍以上。已开发风力资源相对于潜在风力资源的比例在 0 ~ 375%。即使是前 10 个风能大省（自治区），这一比例也在 0.39% ~ 5.56%。一个值得讨论的问题是，风电发展区域分布不均衡的原因是什么？

表 4-1　2015 年各省（自治区、直辖市）风电发展潜力及实际装机容量

地区	装机潜力评估（下限）（百万千瓦）	装机潜力评估（上限）（百万千瓦）	实际装机（2015 年）（百万千瓦）	实际装机/装机潜力（%）
内蒙古	291.55	562	24.25	5.7
新疆	285.14	567.6	16.91	4.0
甘肃	54.99	120.85	12.52	14.2
河北	5.78	17.86	10.22	86.5
宁夏	6.42	13.76	8.22	81.5
山东	4.23	8.81	7.21	110.6
山西	7.21	22.35	6.69	45.3
辽宁	5.58	14.07	6.39	65.0
黑龙江	37.54	85.81	5.03	8.2
吉林	13.29	30.09	4.44	20.5
江苏	0.44	0.9	4.12	614.9
云南	8.13	33.59	4.12	19.8
贵州	8.87	26.28	3.23	18.4
广东	6.88	19.05	2.46	19.0
福建	2.84	12.2	1.72	22.9
陕西	13.55	35.06	1.69	7.0
湖南	10.12	27.93	1.56	8.2
安徽	3.31	9.03	1.36	22.0

地区	装机潜力评估（下限）（百万千瓦）	装机潜力评估（上限）（百万千瓦）	实际装机（2015年）（百万千瓦）	实际装机/装机潜力（%）
湖北	4.98	15.71	1.35	13.0
浙江	2.22	9.44	1.04	17.8
河南	2.22	7	0.91	19.7
四川	2.06	12.98	0.73	9.7
江西	8.67	22.48	0.67	4.3
上海	0.01	0.07	0.61	1525.0
青海	28.47	80.41	0.47	0.9
广西	13.85	36.4	0.43	1.7
海南	2.28	5.04	0.32	8.7
天津	0.09	0.17	0.29	223.1
重庆	1.46	5.7	0.23	6.4
北京	0.37	1.59	0.15	15.3
西藏	0.1	0.83	0.01	2.2

数据来源：He and Kammen，2014。

　　本章将研究导致我国风能发展在时间和空间上产生巨大差异的驱动因素，这有助于更好地评估风电发展潜力和优化产业分布。不仅如此，一直居高不下的"弃风"现象的直接原因在于风电装机主要集中于"三北"地区，与东部沿海与中部地区用电负荷中心逆向分布，本章的研究结论对于探究"弃风"的原因并在此基础上提出更好的应对策略具有重要意义。

　　本书应用 Chow（1967）的局部调整模型来分析我国从 2004 年到 2011 年省级层面的风电装机数据。模型假设一个地区存在一个均衡或者理想的风电装机水平，这由影响相关的风电场盈利能力的一系列因素所决定。到达均衡的速度取决于现有装机水平和均衡装机水平之间的差距。采用这种方法，一方面能研究风电发展地域分布的决定因素，另一方面又能评估政府支持性政策的影响。

二、相关文献

近些年来，中国的风电发展吸引了学术界的兴趣。稍早一点的文献讨论了风电生产投资获得高回报率的障碍（Cyranoski，2009；Han et al.，2009；Liu and Kokko，2010；Young，2000）；一些研究分析了支持性政策对于风电产业发展的影响；Hu 等（2013）回顾了中国上网电价的政策，并于一些欧洲国家做了比较；Zhang 等（2013）分析了2005年到2011年期间政治和制度因素如何决定中国发电发展政策的成败。Qiu 和 Anadon（2012）及 Qiu 等（2013）研究了导致中国风电成本持续下降的因素；最近的一些研究探讨了造成风电装机容量和实际风力发电量之间巨大差异的原因（Zhao et al.，2012；Fang et al.，2012；Zhao et al.，2013；Liu，2013）。大部分研究聚焦于中国风电发展的文献主要应用案例研究和定性分析，缺少量化分析。

关于其他国家的风电发展研究对我们也很有启示。Adelaja 和 Hailu（2007）、Menz 和 Vachon（2006）分析了美国可再生能源配额标准（Renewable Portfolio Standard）对于美国风电发展的影响。Hitaj（2013）应用面板 Tobit 模型和国家层面的风电数据组分析了美国风电发展的驱动因素，并且得出结论：政府政策，就像生产激励政策，通过提供资金支持和提升物理上和程序上的准入性在风电发展中起到非常重要的作用。Schmidt 等（2013）比较了固定上网电价和溢价上网电价对于奥地利风电装机选址的影响。

在现有文献对中国风电发展决定因素进行定性分析的基础上，本书的贡献如下：第一，首次利用我国县一级层面的数据来量化分析影响各地区风电装机容量发展差异的因素；第二，评估了政府政策是如何影响中国风电产业发展的区域不平衡的。虽然已经有人指出政策在中国的风电发展中发挥了重要的作用（Zhao et al.，2012；Hu et al.，2013），但

新能源消纳问题研究

是几乎没有人量化评估它的影响。

三、政策背景

自 21 世纪初以来，中国风能行业的迅猛发展在很大程度上是由政府政策推动的，因为风力发电在成本上无法与煤、火、水电等传统能源竞争（Liu et al.，2015）。2005 年通过的《可再生能源法》是发展可再生能源的主要法律框架。基于该法，我国已颁布了许多与该法相关的法规和政策。我们总结了三个可以证明其促进我国风电快速发展的重要政策。

（一）上网政策

由于大多数可再生能源技术与传统能源技术相比缺乏竞争力，电网公司往往会抵制引进具有间歇性的可再生能源，如风电，这是早期可再生能源投资的一个巨大障碍。《可再生能源法》明确要求电网公司购买批准项目生产的全部可再生能源，消除了市场风险，降低了可再生能源项目的交易成本，提高可再生能源项目的财务信誉，从而促进可再生能源的发展。

（二）电价政策

我国风电定价政策的演变大致可以分为三个阶段。第一个阶段是 2003 年以前的核准电价制度，当时风电装机总量很低，国家主管机构对风电项目电价进行逐个核准。第二个阶段是 2003 年到 2008 年之间招标电价和核准电价并存。中央政府对大规模风电场组织特许权招标。之后，中标价格成为有此经验的省份，建设新风电项目的基础。对于那些没有招标经验的省份仍然沿用了核准电价。在此期间，区域之间风电价格差异较大，低的低至 0.38 元/千瓦时，高的高至 0.8 元/千瓦时（Qiu and Anadon，2012）。第三个阶段是 2009 年以来的固定基准价格政策。

它将我国陆上风电资源分为四类，每一类都有不同的基准电价，风电资源丰富的地区基准电价较低，反映出产能因素提高导致生产成本降低[①]。由于这一类别是根据风力资源的地理分布和项目工程相关因素划分的，如果一个省[（自治区，直辖市），下同]属于不同的资源区域，那么它可以有多个上网电价；但是，在同一风力资源区域内，适用相同的上网电价。

（三）免税政策

自 2009 年起，风电场享受多项免税政策。第一，风电场在运营的前 3 年完全免征所得税，然后在运营的后 3 年减半免征所得税。否则，15% 的所得税优惠税率是有效的。风力发电场的房地产税（以土地价值和办公楼为税基）为 1.2%，免征 30%。第二，风力发电场的增值税减半征收（8.5%），中间成本和固定资产投资可作进项税抵扣。所有的免税政策在全国范围内都是相同的。

第二节　实证模型与数据

一、部分存量调整模型

本节使用 Chow（1967）及 Cheng 和 Kwan（1998）提出的部分存量调整模型来描述地区风电的发展过程。我们假设风电投资者追求利润最大化，并且选择回报率最高的投资地点；而且，一个地区存在均衡或者理想的风力发电能力。新投资通过以下过程使得现存发电能力水平向均衡水平移动：

---

① 自 2009 年以来，陆上风电上网电价经历了多轮调整，但资源区划分以及电价水平的区分原则没有变化。

$$\mathrm{d}\ln Y_{it}/\mathrm{d}t = \alpha(\ln Y_{it}^* - \ln Y_{it}) \qquad (4\text{-}1)$$

式中，Y_{it} 表示在时期 t，i 地区的现存风力装机量；Y_{it}^* 表示对应的均衡风电装机量。式（4-1）说明风力发电能力的百分比变化与 $\ln Y$ 和 $\ln Y^*$ 成比例。因为 $\mathrm{d}\ln Y_{it} = \mathrm{d}Y_{it}/Y_{it}$，式（4-1）可以变化为式（4-1a），式（4-1a）表示风力发电能力的变化速率与当前发电能力与成比例，反之亦然，即

$$\mathrm{d}Y_{it}/\mathrm{d}t = \alpha\, Y_{it}(\ln Y_{it}^* - \ln Y_{it}) \qquad (4\text{-}1a)$$

式（4-1a）意味着变化的速率受到两个因素的影响：现有存量 Y_{it} 以及 $\ln Y_{it}^*$ 和 $\ln Y_{it}$ 之间的差值。公式右边的变量 Y_{it} 代表由现存风电装机所引起的反馈效应，或者说是聚集效应。也就是说，现有风电装机会吸引进一步的风电投资。然而，Y_{it} 的反馈效应会逐渐减少，因为变量（$\ln Y_{it}^* - \ln Y_{it}$）意味着随着风电装机逐渐接近均衡值，增长率会逐渐降低。这是一个向均衡装机量逐渐调整的过程，符合投资类文献的观点，即成本的凸调整对于资本存量需求的改变是渐变的，而不是瞬间变化的（Cheng and Kwan，1998）。

理论上来说，一个地区的风电装机均衡水平或者稳定状态应该满足在此地区投资风电场的边际净收益等于零的边际条件。因此，影响 Y_{it}^* 的关键因素应该是影响给定地区风电场净收益性的因素。这些因素可以归为以下几类。

1）自然禀赋因素：一个风电场的可行性和收益性很大程度上取决于一些自然禀赋因素，例如风力资源和土地可获得性。风电场所在地的风力资源决定了一个风电场的潜在生产能力。风速、持续性和可靠性是影响风电场生产能力的因素，其中风速是最重要的影响因素，因为风力大小是与风速的二次方成正比。风电场的发展也需要土地来安置风机，需要便利的公路、变电站、服务大楼和其他占用土地的基础设施或者创造占用土地面积的防水表面。Denholm 等（2009）推测美国风力发电能力直接影响面积在 0.3~1.7 公顷/兆瓦。

2）需求因素：需求可以分为本地需求和外部需求。除了由当地经济规模和经济结构决定的本地需求外，风电可以运输到其他地区，因此风电网的可获得性非常重要，代表了风电外送能力。

3）其他类型的能源资源：风力发电和其他种类的能源资源可以相互替代。

4）支持性政策：就像我们之前所说的那样，不同的支持性政策可以增加风电场的收益性并且促进风电发展。

表 4-2 中列出这些决定因素和代理变量。直观可得，稳态 Y_{it}^{*} 应该处于零和无穷大之间，并且稳态水平随着这些决定因素的改变而改变。

表 4-2　风电盈利的决定因素和代理变量

分类	决定因素	代理变量
自然禀赋因素	风力资源	县固定效应
	土地可获得性	农业用地面积、人口密度
需求因素	当地经济	GDP，GDP 中第二产业和第三产业所占比重
	外送能力	电网密度
替代品	其他能源	火电和水电
支持性政策	税收及价格政策	年份效应以及年份和上网电价不同区域间的互动关系

部分存量调整模型将风电增长过程的特性考虑在内。第一个特性就是风电发展是动态的。在每一个地区，都存在一个由自然禀赋和经济因素等一系列因素决定的风电装机的均衡水平。因为这些决定因素可能会随着时间而改变，所以风电均衡水平也会随之变化。而且，新增的发电能力需要时间去适应这个均衡水平。

另外一个重要的特性是当前的风电装机的存量可能对新增发电装机具有外部效应。一方面，在许多产业内，相似的工厂集聚可能会导致集聚效应，降低投资成本，通过共享设备和供给降低运营成本，降低学习成本，共享劳动力市场，降低劳动力成本（Audretsch and Feldman,

1996；Ellison and Glaeser，1997；Rosenthal and Strange，2004）。由于风力发电场集中在一个地区，预期的溢出效应可能会在同一地区吸引新的投资。另一方面，集聚也会产生负外部性。例如，过多的风电场可能会导致拥塞问题，对电网稳定性产生负面影响（Schmidt et al.，2013）。尾迹效应导致风通过风机之后会减慢速度并产生湍流，从而使后面的风机发电效率降低（Crespo et al.，1999）。这两种效应在我们的模型中无法区分。在我们的样本时期内，我们预计正外部性大于负外部性，这与中国风电早期大规模发展相吻合。

二、计量分析模型

存量调整模型中的式（4-1）可以直接转化为以下可以估计的形式：

$$y_{it} - y_{it-1} = \alpha \left(y_{it}^* - y_{it-1} \right) \tag{4-2}$$

合并同类项之后变为[①]

$$y_{it} = (1-\alpha) y_{it-1} + \alpha y_{it}^* \tag{4-2a}$$

式中，y_{it} 是 Y_{it}（累计风电装机）的对数[②]。从式（4-2a）可以看出 $(1-\alpha)$ 为现有存量对下一期存量的影响，可以用来衡量当期风电装机量外部性的强弱。

假设风电装机容量的均衡水平是上述决定变量的常弹性函数，式（4-2）右边则可以写成这些变量和 y_{it-1} 的线性函数。基于以上分析，我们假定以下用公式计算总风力发电能力均衡水平：

$$y_{it}^* = \lambda' x_{it} + \eta_i + \gamma_t + \gamma_t \times zones + \varepsilon_{it} \tag{4-3}$$

式中，ε_{it} 是一个随机扰动项，服从正态分布。x_{it} 是一个决定因素的矢量，包含农业占地面积和人口密度[③]，用以衡量土地可获得性；GDP 和第二

---

① 公式（4-2a）的变化调整是稳定的和无波动的，$(1-\alpha)$ 一定为积极的影响。

② 用小写字母表示对数值。

③ 风电场的盈利能力直接受其所占用土地的租金的影响。由于这个变量没有数据，我们使用土地可用性作为土地租金的代理变量。

第三产业的贡献率，用来衡量本地需求；电网密度衡量外地需求；热电和水电比例衡量风电的替代能源。λ 是相关系数部分。η_i 为县城固定效应，用来衡量那些影响某地区风电装机但是有没有包括在 x_{it}，且不随时间变化的变量。γ_t 是年度虚拟变量，用以衡量样本期内对所有县都会产生影响但无法直接度量的外生变量。在我们的样本期（2005～2011 年），我们假定这些因素包括：①降低风机生产成本的技术进步；②政策变化，如 2009 年出台的税收优惠政策和固定上网电价政策；③ 2008 年的全球金融危机。我们预期所有这些因素都对风电装机有积极的影响。全球金融危机对中国的冲击主要来自出口和外国直接投资的收缩，因此从直觉上讲，它应该会对风电投资产生负面影响。但是，中国政府为了抵消外部因素的负面影响采取了积极措施，推出了以扩大内需和投资为重点的经济刺激方案。可再生能源除了有助于能源独立和减缓气候变化之外，还能刺激经济增长和创造就业机会，这种观点经常被用来证明政府支持的合理性。Yang 等（2010）估计中国政府在金融危机时期有 140 亿美元直接投资用于替代能源，包括大型风力发电项目。

虽然这些强烈的冲击是全国性的，但是它们也有可能在不同地区产生不同的影响，特别是政策冲击和金融危机。为了考察对不同地区影响的异质性，根据风电上网电价区将所有的县分为四个区域。具体而言，基准电价区域根据风力资源分类，因为价格与资源禀赋反相关，资源越差的地方上网电价越高。如果基准价格设置合理，当其他条件相同时，不同区域的风电投资者应该面对着相同的激励。γ_t 和 zones 之间的交互项用来测量不同区域的潜在影响差异。zones 包含区域 2、区域 3、区域 4 的虚拟变量，将区域 1 作为基准，其他三个区域进行 0、1 赋值。

将式（4-3）代入式（4-2）中，得到了一个动态面板回归模型，为进行实证分析做准备：

新
能
源
消
纳
问
题
研
究

$$y_{it} = (1-\alpha)\,y_{it-1} + \alpha\lambda'\,x_{it} + \alpha\gamma_t + \alpha\,\gamma_t \times z_{it} + \alpha\eta_i + \alpha\varepsilon_{it},$$

$$i = 1,\ 2,\ \cdots,\ N;\ t = 2,\ \cdots,\ T \tag{4-4}$$

三、数据与估计方法

我们使用县作为分析的单位来考察风电装机地区发展的决定因素。由于没有县一级的风电装机官方数据，作为替代，我们收集并汇总了位于同一个县的 6000 千瓦以上风电场的装机。和全国数据比较，我们的数据库代表 85% 以上的总产能。因变量中 GDP、第二第三产业所占的比重、农业用地面积和人口规模等县级信息从公开数据中获得。需要说明的是，电网密度公开数据只能查询到省一级的。这些数据时间均涵盖了 2004～2011 年。

样本排除了建立风电场技术不可行的县，例如平均风力 1 级的县，同样也排除了人口密度大于每平方公里 1000 人的县。样本中 1891 个县中有 1101 个县拥有风电场。我们共有 8767 个观测值。表 4-3 总结了样本描述性统计值，并且按照风电上网电价区域进行了分类。

表 4-3　样本描述性统计值

	项目	样本数（个）	均值	标准差	最小值	最大值
区域1	风电装机（千瓦）	448	50 254	170 513	0	1 500 000
	农业用地面积（平方千米）	448	582	531	1	2 396
	人口密度（人/平方千米）	448	44	54	0	380
	GDP（万元）	448	614 666	865 377	29 061	8 300 235
	第二产业占 GDP 比重	448	0.47	0.18	0.09	0.86
	第三产业占 GDP 比重	448	0.32	0.13	0.09	0.80
	电网密度（千米/平方千米）	448	0.04	0.01	0.02	0.05
	火电装机（万千瓦）	448	1 683	651	226	2639
	水电装机（万千瓦）	448	16	16	8	115

	项目	样本数（个）	均值	标准差	最小值	最大值
区域2	风电装机（千瓦）	488	64 652	249 979	0	4 100 000
	农业用地面积（平方千米）	488	759	879	1	4 699
	人口密度（人/平方千米）	488	66	55	0	232
	GDP（万元）	488	421 942	340 426	21 896	2 772 046
	第二产业占GDP比重	488	0.40	0.17	0.09	0.87
	第三产业占GDP比重	488	0.33	0.11	0.08	0.70
	电网密度（千米/平方千米）	488	0.14	0.13	0.03	0.40
	火电装机（万千瓦）	488	1 459	665	280	2 639
	水电装机（万千瓦）	488	48	78	4	262
区域3	风电装机（千瓦）	1 064	10 793	50 853	0	500 400
	农业用地面积（平方千米）	1 064	504	443	17	2 893
	人口密度（人/平方千米）	1 064	74	111	0	938
	GDP（万元）	1 064	292 275	447 128	13 054	5 582 944
	第二产业占GDP比重	1 064	0.31	0.17	0.07	0.86
	第三产业占GDP比重	1 064	0.34	0.11	0.05	0.70
	电网密度（千米/平方千米）	1 064	0.06	0.05	0.02	0.21
	火电装机（万千瓦）	1 064	425	153	210	909
	水电装机（万千瓦）	1 064	99	71	9	262
区域4	风电装机（千瓦）	6 767	4 221	33 963	0	1 200 000
	农业用地面积（平方千米）	6 767	343	361	1	3 544
	人口密度（人/平方千米）	6 767	235	210	0	1 000
	GDP（万元）	6 767	553 365	708 580	6 857	8 231 128
	第二产业占GDP比重	6 767	0.39	0.17	0.02	0.95
	第三产业占GDP比重	6 767	0.32	0.11	0.03	0.78
	电网密度（千米/平方千米）	6 767	0.20	0.09	0.01	0.64
	火电装机（万千瓦）	6 767	904	652	44	3 563
	水电装机（万千瓦）	6 767	298	322	0	1 364

对式（4-4）进行估计时存在两个潜在的内生性问题。第一，包括由于滞后因变量可以与非观测效应 η_i 或扰动项 ε_{it} 相关所导致的滞后因变量作为解释变量的偏差。第二，可能存在反向因果关系，因为风电投资可能直接影响一些解释变量，包括年度 GDP、第二第三产业所占比重、电网和替代能源资源。农业用地面积和人口密度可以被视作是外生变量。我国的土地制度对乡村集体所有土地转换为城市国家所有的土地规定非常严格，而且风电场经常租土地来运营，因此农业用地属性可以认为不受风电投资的影响。风电场投资可能影响人口，但是长期内 GDP 的增长很可能包含了这个效应，因此我们可以把人口密度因素也作为外生变量。年度虚拟变量以及它们与区域之间的交叉项也是外生的，因为区域是基于风力资源和项目工程相关因素而划分的。

广义矩阵法（Generalized Moment Method，GMM）是文献中常见的用来解决内生性问题的方法，包括 Arellano 和 Bond（1991）提出的差分 GMM，Arellano 和 Bover（1995）以及 Blundell 和 Bond（1998）发展的系统 GMM。差分 GMM 基于一阶差分模型以消除固定效应和存在自身延迟水平的所有内生变量（Anderson and Hsiao，1981；Hansen，1982）。一阶差分模型公式为

$$\Delta y_{it} = (1-\alpha)\Delta y_{it-1} + \alpha\lambda'\Delta x_{it} + \alpha\Delta\gamma_t + \alpha\Delta(\gamma_t \times z_{it}) + \alpha\Delta\varepsilon_{it},$$
$$i = 1,\ 2,\ \cdots,\ N;\ t = 3,\ \cdots,\ T \tag{4-5}$$

在式（4-4）中水平残差序列不相关的假设下，y 滞后两期或两期以上的变量可作为一阶微分方程（式4-5）中的工具变量。对于由于反向因果关系而产生的内生控制变量，我们还需要将其滞后项作为工具变量。

差分 GMM 的一个缺点是如果内生变量非常接近于随机行走，那么在小样本中的工具变量则非常微弱，因为滞后变量（y_{it-2} 或 x_{it-2}）也许不会和差分变量（y_{it} 或 x_{it}）非常相关。为了处理这个问题，系统 GMM 估计了式（4-4）（水平方程）会和式（4-5）（差分方程）同步变化，如

果该差分方程使用了正确的滞后一阶差分项作为水平变量的工具变量。然而 GMM 的有效性是基于工具变量的改变和固定效应无关这个强假定上。我们认为控制变量 x 的改变量可能和固定效应相关联。此外，地区的虚拟变量也可能和包括在固定效应里的不随时间变化的风力资源相关，这样的话，我们只允许以年为单位的虚拟变量在水平方程里。

四、估计结果

表 4-4 列出了估计结果以及相关性检验来分析风电装机的决定性因素。我们考虑了多个模型进行稳健性检验，包括系统 GMM（列 2）、差分 GMM（列 3）、混合最小二乘法（Ordinary Least Square，OLS）（列 4）和固定效应模型（列 5）。比较这些估计结构可以帮助我们检验这些工具是否足以成为内生变量的可靠预测量。正如 Nickell（1981）、Hsiao（1985）和 Bond 等（2001）所建议的，GMM 估计量应该位于 OLS 估计量（向上有偏）和固定效应估计量（向下有偏）之间。差分 GMM 和系统 GMM 估计的滞后因变量系数分别为是 0.72 和 0.74，介于 OLS 和固定效应分别建议的 0.97 和 0.69 之间。这意味着我们的估计不存在弱工具变量的问题。

表 4-4 的底部报告了自相关检验和 Hansen 检验。如果水平残差是连续不相关的，一阶差分残差应该遵循一个 AR（1）过程，其中一阶的自相关性是非零的，而二阶或更高阶的自相关性是零。AR（1）检验拒绝不存在一阶相关的原假设时，AR（2）检验不能拒绝二阶原假设。Hansen 检验不能拒绝原假设，证明了我们估计策略的有效性[①]。系统 GMM 和差分 GMM 的估计系数在符号和显著性水平上一致，估计系数大小也类似。我们接下来的讨论将基于差分 GMM 估计得到的变量系数。

---

① 因为面板数据中有更多的个体单元而非工具变量，因此 Hansen 检验比 Sargan 检验更合适。

表4-4　风电装机的决定因素：估计结果

项目	系统 GMM	差分 GMM	混合 OLS	固定效应模型
ln(装机功率)滞后期(1-α)	0.743 ***	0.722 ***	0.971 ***	0.687 ***
	(0.150)	(0.134)	(0.007)	(0.017)
ln(农用土地面积)	0.107 **	0.113 **	0.087 ***	0.007
	(0.048)	(0.052)	(0.034)	(0.067)
ln(人口密度)	0.178	0.046	−0.061	0.116
	(0.257)	(0.294)	(0.042)	(0.165)
ln(GDP)	0.068	0.088	0.060 **	0.149
	(0.144)	(0.533)	(0.028)	(0.137)
第二产业占 GDP 比重	−0.422	0.262	−0.256 **	0.011
	(1.196)	(1.127)	(0.102)	(0.411)
第三产业占 GDP 比重	0.841	1.619	−0.048	−0.106
	(1.457)	(1.441)	(0.160)	(0.568)
电网密度	1.863	3.771	1.338 **	1.778
	(2.930)	(2.336)	(0.537)	(1.350)
ln(火电装机)	−0.339	−0.261	0.129 ***	−0.455 **
	(0.338)	(0.343)	(0.049)	(0.188)
ln(水电装机)	−0.238 *	−0.235 *	−0.001	0.051
	(0.126)	(0.127)	(0.017)	(0.082)
常数项			−2.496 ***	−1.200
			(0.683)	(2.871)
区域年份效应	YES	YES	YES	YES
县固定效应	YES	YES	NO†	YES
R-squared			0.770	0.479
样本数	7664	6562	7664	7664
面板中个体数	1100	1099	1100	1100
工具变量数量	69	68		
AR(1)检验	[0.000]	[0.000]		

第四章　实证分析一：支持政策与风电装机区域分布

项目	系统 GMM	差分 GMM	混合 OLS	固定效应模型
AR(2) 检验	[0.296]	[0.342]		
Hansen 检验	[0.309]	[0.338]		

注：† 表示混合 OLS 中包括不随时间变化的风力资源数据和县级数据；括号内报告了县组内稳健标准差；*** 表示 $p<0.01$，** 表示 $p<0.05$，* 表示 $p<0.1$；p 为显著性水平，下同。

因变量滞后期 y_{it-1} 的系数 $(1-\alpha)$ 是显著和稳定的。如前所述，它衡量的是现有风电装机存量对下一时期存量的影响，表明现有风电装机的外部性效应有多强。它的估计值为 0.7，意味着现有装机变动 1% 会使装机在下一年增加 0.7%。说明风电投资具有较强的自我强化作用。农用地面积系数显著为正，农用地面积增加 1% 会带来风电装机容量增加 0.1%，均衡的装机容量增加 0.4%①。地方 GDP、第二第三产业 GDP 占比、电网密度的系数均不显著，说明风电需求因素在风电场选址中似乎没有得到太多考虑。水力发电的系数显著为负，火电系数不显著，说明水力发电是风电的可替代电源，而火电不是②。一种可能的解释是清洁能源之间存在更强的替代作用。水电装机容量每增加 1%，风电装机容量下降 0.2% 左右，均衡装机容量下降 0.9%。

回归中也估计了年份虚拟变量及其与区域的交叉项，但未在表 4-4 中报告。我们计算了不同区域的时间趋势，如图 4-1 所示。时间虚拟变量及其交互项均具有显著上升趋势，这一结果与我们的预期是一致的，以年份虚拟变量为代表的三个因素（技术进步、支持性政策和全球金融危机）都对风电装机有积极的影响。另外，从图 4-1 可以清楚地看

---

① 根据式 (4-3) 和式 (4-4)，λ 可以表示在均衡装机下解释变量的弹性，可以通过回归系数除以 α 计算得。

② 当电力供应过剩时，火力发电短期内会使风力发电减少，长期会使投资减少。然而，长期的效应并不会在我们的回归结果中显示，因为我们的数据期限为 2004 ~ 2011 年，这段时间的电力需求较为强劲。

出，这四个区域的时间趋势存在较大差异，风力资源较多的区域（区域1）比风力资源较少的区域（区域2、区域3和区域4）的时间效应更大。2008～2011年中只有区域1的年份效应统计上具有显著性，其他区域年份效应统计上不显著，但与区域1年份效应存在显著性差异。

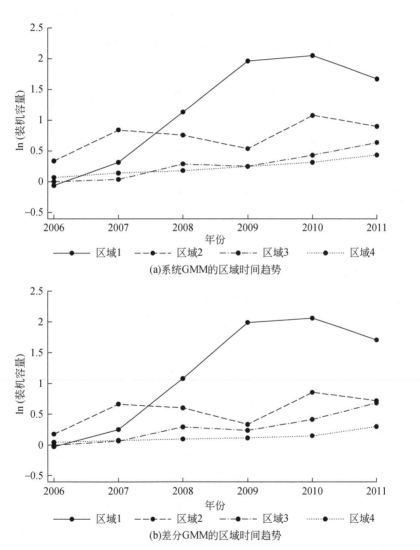

图4-1　系统 GMM 与差分 GMM 的区域时间趋势

这些结果表明，全国范围内的冲击对不同地区的影响并不相同。对于风力资源最丰富的区域 1，我们发现 2008 年和 2009 年的风力资源连续两次跃升，与金融危机和风电固定上网政策的时机相吻合。2009 年之后，随着激励方案的到期，我们预计金融危机的影响可能将逐渐减弱。区域 1 的年效应仍明显大于其他区域，说明政府对风电发展的支持在风电资源丰富的地区最为有效，但对其他地区的影响较小。

第三节　研究结论

近十年来，我国风力发电经历了前所未有的快速发展。目前我国是世界风电装机容量最大的国家。然而，我国风电装机容量的区域分布极不均衡，这在一定程度上导致了近年来的高"弃风率"。

本章通过分析县级风电装机容量的决定因素，运用局部调整模型研究了区域差异的影响因素。我们假设风电投资者选择收益最高的投资地点，一个地区风力发电装机的均衡水平是由影响风电场相对盈利能力的若干因素决定的，并可能随时间而变化。收敛到均衡状态的速度是由现有装机容量与均衡装机容量之间的差距决定的。该方法的优点是在统一的框架下考虑了区域风电发展的动态性和集聚效应。

我们的主要发现如下：首先，与许多行业一样，风电也存在集聚效应，即现有装机容量会吸引新增的装机容量。虽然从理论上讲，现有风电场对新建风电场的影响既有正的外部性，也有负的外部性，但我们的实证结果表明，在 2004～2011 年地区风电装机的对新投资的正外部性大于负外部性，风电行业发展具有较强的自我强化效应。其次，需求因素（包括由当地经济变量表示的本地需求和由输电能力表示的区域外需求）并不会显著影响风力发电场的选址。最后，政府的支持措施，包括提供直接投资资金和实施固定上网电价政策，对不同的地区的影响具有异质性。这些政策在风力资源丰富的区域（区域 1）的效果较好，而在其他区域的影响较小。

我们的研究有助于评估我国风电发展政策的有效性。毫无疑问，政府的支持，从法律法规到上网补贴，在鼓励我国风电发展方面发挥了重要作用。然而，这些政策也可能加剧风电区域分布的不均衡。研究表明，风电投资者在选址时关注的是发电成本，而不是需求因素，这导致了风电装机容量集中在我国的北部和西部地区，这些地区远离了位于我国东部和南部的负荷中心。投资者对需求因素考虑不足可能是由于《可再生能源法》中的"全额保障性收购"规定。然而在现实中，受有限的需求或电网系统稳定性的制约，大量的风电无法上网。此外，尽管固定上网电价政策通过对风力资源丰富的地区提供更低的上网电价来区分不同风力资源区，但风力资源丰富的区域 1 仍然更有动力吸引到投资。

为了进一步发展风电，减少"弃风"，我们建议改革上网电价政策和可再生能源采购保障政策，以解决"弃风"问题。虽然这两项政策在促进风电发展方面发挥了重要作用，但却导致风电开发商只关注生产成本，忽视了需求因素。未来的研究需要探索可能的替代政策，以鼓励风力发电开发商选择靠近负荷中心的位置建设风电场。另外，也需要建设更多的特高压线路，提高电网传输能力，将电力从我国西部和北部输送到东南部。

第五章 实证分析二：省级壁垒与新能源消纳

第一节 引 言

一、研究问题

过去几十年间，能源安全和环境问题推动世界各国进行能源转型，能源供给向可再生能源比例更高和更可持续的组合过渡。作为世界最大的能源消费国和碳排放国，我国也制定了宏伟的发展可再生能源的目标。2008～2017 年，我国风电装机容量从 840 万千瓦增加到 1.64 亿千瓦，年均增速超过 40%。2017 年风力发电 3057 亿千瓦时，约占全国总用电量的 4.8%。

然而，随着风力发电的快速发展，我国也一直存在着严重的"弃风"问题。如图 5-1 所示，我国 2011～2017 年最低"弃风率"为 8%，且多数年份的"弃风率"均高于 10%。相比之下，其他大规模发展风电的国家"弃风率"仅在 0.5%～3%（Bird et al.，2016）。"弃风"造成了巨大的能源和经济损失。据估计，2009～2017 年，我国共弃用风电 1900 亿千瓦时，相当于风力发电总量的 15%；总能源损失量相当于 6100 万吨煤炭，排放 1.7 亿吨二氧化碳和 60 万吨 $PM_{2.5}$[①]。另外，高

---

① http://energy.people.com.cn/n/2014/0324/c71890-24721220.html。

"弃风率"大大增加了碳减排的成本。据 Lam 等（2016）估计，风力发电这一清洁发展项目对成本的降低仅为预期的 50%~200%，但碳减排的成本为预期的4~6倍。

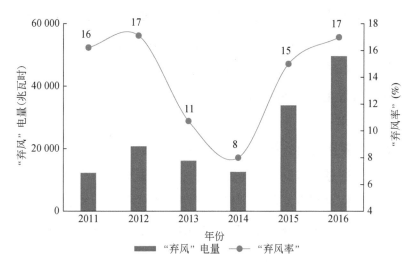

图 5-1 "弃风"电量和"弃风率"的时间趋势

我国风电行业的悖论在于，中国急于进行能源转型，以减少对煤炭的依赖，并减轻碳排放和空气污染等相关外部性。然而同时，数以百万计的风机设备闲置，清洁能源受到弃置。什么原因导致如此高的"弃风率"？这是一个重要的研究问题，具有深远的政策意义。

现有文献从以下几个方面对这一问题进行了解释。第一，由于电网公司与风电场之间存在协调问题，电网建设远远落后于风电装机的快速增长（Luo et al.，2016）。第二，目前以煤电为主的电力系统缺乏纳入风电的灵活性，因为风电是波动的、间歇性的（Long et al.，2011；Lu et al.，2016；Pei et al.，2015）。第三，随着中国经济进入"新常态"阶段，电力需求放缓，发电能力过剩（Dong et al.，2018）。第四，风电供需空间上不匹配，风电装机主要集中在"三北"地区，而负荷中心位于沿海省份（Xia and Song，2017；Zhao et al.，2012）。同时，跨省跨地区输电面临两大障碍：缺乏输电线路和以省为单位的电力市场结构（Dong et al.，2018；Zhao et al.，2012）。

这些文献有助于加深我们对导致"弃风"问题因素的理解。然而，现有文献大多都是描述性的研究（Bird et al.，2016；Davidson，2013；Fan et al.，2015；Luo et al.，2016），只有少数文献进行了定量分析。Lu 等（2016）和 Dong 等（2018）量化了不同因素在决定风电装机发电不理想情况的相对重要性。另外，一些工程研究使用了模拟技术。

本章主要探讨由省级壁垒造成的市场分割对我国风电"弃风"问题的影响，通过构建的市场分割指标面板数据对这一影响进行量化估计。研究分析对现有文献做了以下几个方面的贡献。首先，虽然已有很多文献广泛讨论了我国电力市场分割问题，包括其量化及消极影响的评估，但本书首次尝试构建衡量电力市场分割的指标，并通过严谨的定量分析考察市场分割对"弃风"问题的影响。其研究结果强调了市场分割在新能源消纳中的作用，有助于有效解决我国新能源发电发展的悖论。其次，我国大规模的可再生能源装机容量及其宏伟的未来发展目标，探究和解决"弃风"问题具有全球意义。在世界范围内新能源正快速发展，但风电和太阳能等新能源具有随机性、间歇性和可变性，大规模纳入现有电力体系对系统稳定性造成冲击。我国风电发展的经验教训有助于更好地设计推行其他可再生能源的政策。正如 Lacerda 和 van den Bergh（2016）指出的，可再生能源在减少碳排放方面是有效的且相对成本较低。

在下一小节中，介绍我国风电发展和电力市场分割的特征事实；在第二节中提出概念框架和假设，给出实证模型与数据；在第三节中对我国"弃风"的决定因素进行面板回归分析，重点分析市场分割的作用；在第四节中总结回归结果并讨论政策影响。

二、典型特征事实

（一）风电供给与需求的不均衡分布

我国风能资源丰富，技术潜力风能每年超过55亿千瓦，但区域分布不均衡。我国陆上风能资源主要集中在"三北"。He 和 Kammen（2014）进行的省级风电装机容量评估显示，2013年"三北"地区8个省份的风电装机容量占全国风电装机容量的近80%。

风力资源的集中，促进了我国早期以优势风力资源区域为重点的发展战略。根据2007年发布的《可再生能源中长期发展规划》和2012年发布的《可再生能源发展"十二五"规划》，九大千万千瓦级风电基地计划在2008~2015年建立，其装机容量相当于我国90%的风电总规划装机容量。而九大基地中，有7个位于"三北"地区。因此，以资源为基础的发展战略导致了区域风电发展的巨大差距。尽管自2010年以来，几乎所有省份都在风电行业进行了投资，但风电装机仍主要集中在"三北"地区。

虽然风电装机主要集中在"三北"地区，但是风力资源丰富的省份经济欠发达且电力需求较低。而我国电力负荷中心位于东部沿海地区，经济规模大，人口密度大，电力需求大。因此，电力需求与风电装机的不均衡分布的矛盾十分突出。

（二）以省为单位的电力市场

风电装机与电力负荷中心分布的不平衡，意味着当地的负荷需求往往与当地的风力发电能力不匹配，风电需要长距离输送到东部地区才能被消纳。然而，跨省跨区域电力交易受到我国电力市场分割带来的强大壁垒的制约。尽管2015年我国启动了新一轮电力体制市场化改革，但目前我国电力市场仍处于高度管制和分割的状态。Lin 和 Purra（2019）对这种现状和电力改革进行了详细的论述。

由于 2011 年前我国电力行业最大的问题是供给不足（Zeng et al., 2013），一个惯有的原则是一个省份内保持电力供需平衡。各省的电力需求首先由本省的电力装机给予满足，只有在电力短缺的情况下才寻求外省输电。因此，跨省电力交易很大程度上是作为高层能源战略的一部分来进行管理、指导和实施的。虽然中央政府从 2003 年开始鼓励跨省电力交易，以期通过在更大的市场内配置资源来提高能源效率，但客观现实是这部分电力的交易量十分有限，仅占全国电力消费总量的 10% 左右（图 5-2）。

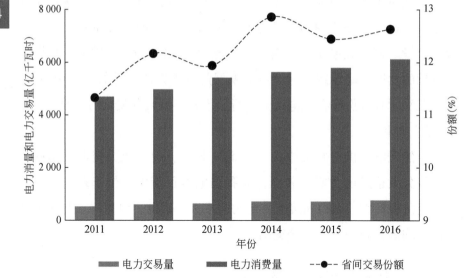

图 5-2　2011～2016 年省间电力交易量及占电力消费量的比例

跨省贸易壁垒还源于地方保护主义，这在我国国内市场长期存在（Naughton，1999；Poncet，2003；Wei and Zheng，2017；Young，2000；Zhou，2001）。在供给方面，我国电力供应市场是以国有燃煤发电企业为主导。省级政府可能出于保障电力供应、提供就业和税收等方面原因直接参与了燃煤发电的投资和规划决策，通过借助当地银行融资、发电时长的分配以及税收的设置来控制发电企业的发展（Zhang et al.，2018）。2012 年以来，我国经济进入"新常态"，经济增长和用电量增速开始放缓。在这种背景下，购买外省风电意味着减少当地发电机组的发电时间，因此地方政府更倾向于通过本省发电机组来保障税收和就业。

（三）以国企为主的发电企业

在我国现阶段的电源结构中，以五大发电集团为代表的国有企业是发电企业的重要组成部分。如图 5-3 所示，2014 年五大发电集团装机容量以及发电量约占我国电力装机总装机和总发电量的 43%。这种状况一方面容易引发市场垄断，不利于竞争性电力市场的形成；另一方面地方政府对做大做强的国有发电企业的依赖性也会相应增加，企业对政府管制和市场化改革相关决策的影响力不断增加，不利于资源的优化配置进而损失市场效率。此外，国有发电企业做大做强也容易导致财务成本

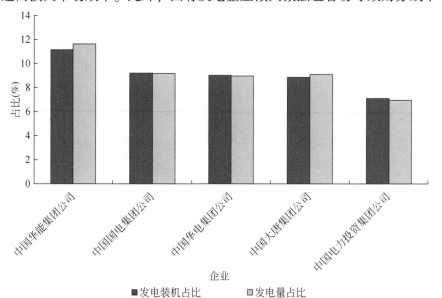

图 5-3　五大发电集团发电装机占比与发电量占比情况

管控的弱化。2016 年五大发电集团的利息支出为 1051.7 亿元，是同期利润总额的 1.7 倍，急需要强化财务成本的管控。简而言之，在中国特色社会主义市场经济条件下，国有企业做大做强的目标成为推进电力市场化改革的重要约束。

第二节　实证模型与数据

一、分析框架与假设

基于以上讨论，图 5-4 给出我国风电市场一体化分析的概念框架。假设 i 省风电资源相对丰富，且风电供过于求，i 省潜在风电容量的利用水平将取决于当地市场和外部市场。如果 j 省电力短缺，当有跨省输电线路可用时，j 省就有动力购买更多的电力。或者，j 省优先保障本省发电企业，而不是从 i 省进口电力，以确保地方税收和提供就业。

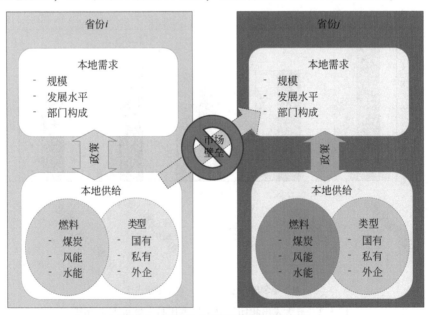

图 5-4　我国电力市场壁垒与电力交易

对于 i 省和 j 省，当地电力需求取决于人口规模、经济发展水平和工业构成。一般来说，一个人口较多、人均收入较高和能源密集部门组成较多的省份，如沿海省份，将会有更大的电力需求。电力需求由煤炭占主导地位的火电、水电、风电和其他能源提供。风力发电企业会与其他类型发电企业争夺有限数量的本地用户。此外，所有权还有不同的形式。具体来说，国有企业在电力行业发挥着关键作用。以 2016 年为例，五大国有电力集团的电力装机容量约占全国电力总装机容量的 43%；其中，五大集团的风电装机容量约占全国风电装机容量的 55%。大型企业和国有企业在与地方决策者谈判时，预计将拥有更大的议价能力，并争取获得更多支持性资源（如延长运营时间和增加补贴）。但是，由于数据的局限性，这些供给侧因素在本研究中难以量化。

以上讨论表明，i 省风电装机容量较大，但当地电力需求较低，对外输送风电的动力较强。然而，j 省优先保障地方发展利益，进口风电的积极性较低。除非 j 省受中央政府的某些要求，它可以设置壁垒或实施贸易限制，以保护地方收入（Zhou，2001）。无论物理输电线路的存在与否，都会存在着由地方利益造成的无形市场壁垒。不仅是电力市场，还有许多产品和要素的市场以省为单位，而非一个统一的全国市场（Wei and Zheng，2017；Young，2000）。

目前分散的电力市场结构将限制区域间的风电交易，从而导致更高的"弃风率"。因此，我们提出以下假设：H0——一个省面临的市场分割/壁垒越大，"弃风率"越高。

即使两个省份面临的省级壁垒一样，市场分割可以通过不同渠道对省间交易产生异质性影响。例如，市场化程度高、制度运行良好的省份可能受当地利益集团的影响较小，更多地遵守中央政府的指导，因此受外部市场壁垒影响较小。据此我们提出以下假设：H1——良好的制度将降低市场分割对风电消纳的负面影响。

电网基础设施对风电开发和利用也很重要。例如，各省之间缺乏传输连接的输电线路，省间的电力输送就无法进行。因此我们预期更好的电网基础设施将缓解市场分割对风电消纳的负面影响，据此我们提出如下假设：H2——更好的电网基础设施将降低市场分割对风电消纳的负面影响。

我们预计，与风电竞争的利益集团较多的省份将会加剧风电的发展，提出如下假设：H3——较小的本地利益集团将降低市场分割对风电消纳的负面影响。

近年来随着环保意识的提高，地方政策制定者对环境质量越来越关注，如果他们面临更大的环境压力，他们可能更有动力以抑制火电发展为代价，减少火电的消费，增加风电等新能源电力的消费。因此，我们提出以下假设：H4——更强的环境关注将降低市场分割对风电消纳的负面影响。

二、实证模型与数据

（一）基础计量模型

为了检验市场壁垒对"弃风"的影响，如 H0 所示，我们将基本模型设定为

$$\text{Curt}_{i,t} = \beta_0 + \beta_1 \times \text{Segnt}_{i,t} + \beta_2 \times X + \lambda_i + \varepsilon_{i,t} \tag{5-1}$$

式中，$\text{Curt}_{i,t}$ 是 i 省在 t 年的"弃风率"；$\text{Segnt}_{i,t}$ 是市场分割指标，用于量化所面临的外部市场壁垒；系数 β_1 为市场分割对"弃风率"的影响程度。显著大于零的系数将支持 H0，表明更大的市场分割会导致更高的"弃风率"。

变量 X（即向量）包括本地市场条件的控制变量。人口（pop）、收入水平（inc）及以第二产业和第三产业所占比重（ind 和 ter）衡量的经济结构用以控制本地电力需求因素。为了控制本地供给方的竞争，我们使用风电装机在电力总装机中所占份额（wind）表示。λ_i 为不随

时间变化的个体固定效应，$\varepsilon_{i,t}$ 为独立于解释变量的随机项。

（二）异质性模型

引入各种变量及其与市场分割指数的交互项来检验异质性效应，在模型（5-1）的基础上建立如下计量经济模型：

$$\text{Curt}_{i,t}=\gamma_0+\gamma_1\times\text{Segm}_{i,t}+\gamma_2\times\text{Segm}_{i,t}\times\boldsymbol{Z}_{i,t}+\gamma_3\times\boldsymbol{Z}_{i,t}+\gamma_4\times\boldsymbol{X}+\lambda_i+\varepsilon_{i,t} \qquad (5\text{-}2)$$

变量 $\boldsymbol{Z}$ 代表可能改变市场分割对风电发展影响的因素，如假设 H1 ~ H4 所提及的。为了检验 H1，我们采用中国市场化指数来代替省级制度质量（Wang et al.，2017）。它是一个综合的、基于调查的评估指标，数据覆盖了从 1990 ~ 2016 年的 31 个省（自治区、直辖市），这也是文献中广泛使用的指标（He et al.，2018；Li et al.，2018a；Li et al.，2018b；Wang，2016；Wei and Zheng，2017；Yi et al.，2017；Zhang et al.，2018a）。我们使用总体指标（H1_a）和它的四个子指标：政府-市场关系指数（H1_b），商品市场发展指数（H1_c），要素市场发展指数（H1_d）以及法律和制度指数（H1_e）。关于 H2，我们使用输电线路长度（H2_line1）和输电线路密度（H2_line2）来表示电网基础设施建设程度。关于 H3，我们设置了三种可能与风电竞争的地方利益集团：火电装机量（H3_coal），水电装机量（H3_hydro）和工业部门国有企业所占份额（H3_SOE）。此外，为了检验 H4，我们采用环境投资在 GDP 的份额（H4_env1）以及每公里的二氧化硫排放量（H4_env2）来代表地方政府的环境监管努力程度。

在模型（5-2）中，市场分割对"弃风率"的部分影响可以推导为 $\text{d}(C)/\text{d}(\text{Segm})=\gamma_1+\gamma_2\times\boldsymbol{Z}$。这表明市场分割对"弃风率"的影响将部分由假设变量 $\boldsymbol{Z}$ 决定。系数 γ_2 是我们研究是否存在异质性的主要关注量。如果 H0 成立（$\gamma_1>0$），且交叉项系数（γ_2）显著为正，则表明变量 $\boldsymbol{Z}$ 的变化将加剧市场分割对"弃风率"的影响。如果 $\gamma_1>0$ 及 $\gamma_2<0$，则意味着变量 $\boldsymbol{Z}$ 的变化将削弱市场分割对"弃风率"的影响。

（三）量化省间市场壁垒

近年来对省间市场壁垒进行量化的文献越来越多，使用的方法有以下几种。第一种是基于生产的方法，通过分析各省之间的产出结构差异来衡量市场分割程度（Young，2000）。第二种是以基于贸易的方法，利用各省贸易流量计算贸易壁垒来评估各省的市场一体化程度（Naughton，1999；Poncet，2003）。第三种是来源于 Samuelson（1964）的冰山模型，其本质上是基于一价定律（Parsley and Wei，1996；Parsley and Wei，2001），也是本书中我们使用的方法，下文解释其量化原理。

假设产品 k 在 i 省和 j 省的价格分别为 P_i 和 P_j，i 省和 j 省之间的绝对价格差可以量化为

$$| \Delta Q_{i,j,t} | = \ln\left(\frac{P_{i,t}}{P_{j,t}}\right) - \ln\left(\frac{P_{i,t-1}}{P_{j,t-1}}\right) \tag{5-3}$$

这种价格差异包含许多原因，例如价格差异会随着距离或运输成本的增加而增加。在不存在其他交易成本的情况下，套利会促使各省之间的价格差异长期收敛于运输成本。但是，如果存在与距离无关的其他类型的交易成本，如市场分割导致的贸易壁垒，距离就无法解释价格差异的所有原因。这里，本书将省间市场分割指数定义为考虑运输成本后的价格变动残差。它被用于独立于距离的相关交易成本的代理变量。市场分割指数越大，面临的市场壁垒和交易成本就越大。

因此，该指数可以计算为

$$q_{i,j,t} = | \Delta Q_{i,j,t} | - \text{mean}(| \Delta Q_{i,j,t} |) \tag{5-4}$$

$q_{i,j,t}$ 只与市场分割和其他各种随机因素有关。因此，随着市场分割程度的提高，$q_{i,j,t}$ 会出现分化，它的方差 var（$q_{i,t}$）是我们关注的变量。市场分割会增加 var（$q_{i,t}$），即 var（$q_{i,t}$）可以衡量 i 省的市场分割程度或市场壁垒的严重程度。本书采用 1980 年以来的省内燃料和电力价格指数来代表能源价格。

第三节 面板回归分析

一、数据来源

2009～2016 年的"弃风率"数据来源于国家能源局（NEA）的年度报告，有关装机容量的数据来自国家电力监管委员会（CEC）的年度年鉴，能源相关数据和经济数据分别来自各年《中国能源统计年鉴》和《中国统计年鉴》，所有货币变量（如 GDP 和人均 GDP）均按 2005 年不变价格平减。用于估计市场分割指标的燃料和电力价格指数的数据来自各年《中国统计年鉴》。表 5-1 列出所有变量的统计描述。

表 5-1　变量的统计描述

种类		变量	样本数（个）	平均值	标准差	最小值	最大值
"弃风率"		curt	248	3.70	7.85	0.00	43.00
本地需求	ln（人口）	pop	248	8.11	0.85	5.69	9.31
	ln（人均 GDP）	inc	248	1.12	0.51	−0.09	2.33
	第二产业所占比重	ind	248	46.12	8.21	19.30	58.60
	第三产业所占比重	ter	248	43.43	9.19	30.60	80.20
本地供给	风电装机所占份额	wind	231	0.57	0.68	0.00	2.60
H0	ln（市场分割指数）	segm	248	−7.73	1.26	−9.85	−5.39
H1	总体指标	H1_a	186	5.88	1.99	−0.30	9.95
	政府–市场关系	H1_b	186	5.85	2.49	−6.75	9.52
	商品市场发展指数	H1_c	186	7.62	1.38	1.46	9.79
	要素市场发展指数	H1_d	186	4.73	2.32	−1.21	12.23
	法律和制度指数	H1_e	186	4.78	3.68	−0.70	16.19
H2	ln（输电线路长度）	H2_line1	155	10.52	0.77	8.35	11.40
	ln（输电线路密度）	H2_line2	155	7.72	1.06	3.56	9.35
H3	火电装机量	H3_coal	248	68.39	23.33	13.23	99.90
	水电装机量	H3_hydro	248	23.42	23.82	0.00	84.63
	工业部门国有资本份额	H3_SOE	248	24.64	13.05	2.60	70.21
H4	环境投资在 GDP 所占份额	H4_env1	248	1.49	1.77	0.05	26.31
	ln（每公里二氧化硫排放密度）	H4_env2	248	0.94	1.63	−6.78	3.83

二、估计结果

模型（5-1）的回归结果如表5-2所示。第2列（模型S0）（model S0）只包含装机容量的份额，这是影响最大的因素。较高的 R^2 值（0.689）说明该变量可以解释"弃风率"的大部分原因。显著为正的系数还表明，风电装机容量的份额越大，"弃风率"越高。在S0的基础上，第3列（模型S1）进一步控制省份固定效应。结果表明，R^2 值为0.827，模型解释力更高，说明一些未观测到的个体效应是有影响的，可以导致"弃风率"的变化。S2~S5以模型S1为基准，依次加入各种解释变量。结果表明，我国人均GDP在10%的水平上具有显著性，这与预期相符。较高的收入水平意味着较高的地方电力需求，可以降低"弃风率"。进一步在模型S5和S6中加入市场分割指数，并在第7和第8列中给出结果。变量 segm 的系数显著为正，说明 H0 的假设正确，表明市场分割会增加"弃风率"。控制住市场壁垒后，人均GDP的系数仍为负，但不显著。将所有变量均加入后，结果展示在最后一列（模型S7），符号仍然适用于所有变量。

新能源消纳问题研究

表5-2　模型（1）的回归结果

变量	S0	S1	S2	S3	S4	S5	S6	S7
wind	9.84***	7.89***	7.97***	9.19***	8.21***	8.42***	9.18***	9.17***
	(0.44)	(0.74)	(0.80)	(1.03)	(0.82)	(0.76)	(1.02)	(1.07)
pop			−2.67					9.72
			(9.48)					(11.06)
inc				−3.19*			−2.07	−2.25
				(1.75)			(1.83)	(3.18)
ind					−0.26			−0.03
					(0.30)			(0.35)
ter					−0.29			−0.07
					(0.29)			(0.38)

变量	S0	S1	S2	S3	S4	S5	S6	S7
segm						0.50** (0.20)	0.43** (0.22)	0.48* (0.25)
固定效应	No	Yes	Yes	Yes	Yes	Yes	Yes	Yes
样本数	231	231	231	231	231	231	231	231
Adj R^2	0.689	0.827	0.827	0.830	0.828	0.832	0.833	0.834

注：* 表示 $p<0.1$；** 表示 $p<0.05$；*** 表示 $p<0.01$。

为了更好地理解不同决定因素的作用，我们将 S5 ~ S7 的结果绘制在图 5-5 中。形状代表均值估计，直线代表 90% 的置信区间。这表明，从规模和显著性上看，当地供给（风电装机所占比重）是风电"弃风率"的主要贡献因素。这与文献的分析结果一致，文献认为风电装机的快速、大规模发展是中国风电发展萎缩的主要原因（Dong et al.，2018；Zhao et al.，2012）。人均 GDP、第二产业和第三产业所占比重的系数均为负，但并不显著，说明地方需求在一定程度上有助于缓解风电

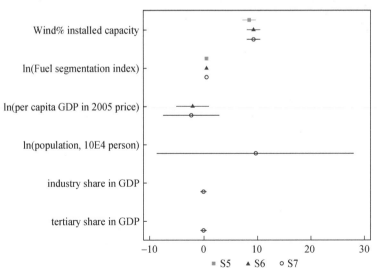

图 5-5　H0 的回归系数

供给过剩，但影响不显著。更重要的是，我们发现支持假设 H0 的实证结果。结果表明，在控制其他变量的情况下，省间市场壁垒指标每增加1%，"弃风率"会增加 0.43% ~ 0.5%。

为了进行稳健性检验，引入"弃风率"的滞后一期作为自变量。根据表 5-2 中确定的模型 S5 ~ S7，具有滞后项的回归结果如表 5-3 所示。从第一行可以看出，滞后一期（Lag1. curt）的系数显著为正，意味着风电发展具有显著的路径依赖性。在所有回归中，风电装机所占份额变量（wind）在 1% 的显著性上仍然为正，但在加入滞后项后，其值较小。当地需求方面的因素，包括人口、收入水平和产业结构占比，并不显著。加入滞后项的模型中市场分割指数（segm）在系数大小和显著性水平上与表 5-2 的结果一致。在加入滞后项后，市场分割指数每增加1%，"弃风率"增加 0.47% ~ 0.53%。

表 5-3　稳健性回归结果

变量	S5	S5_lag	S6	S6_lag	S7	S7_lag
Lag1. curt		0.42 ***		0.42 ***		0.41 ***
		(0.07)		(0.07)		(0.07)
wind	8.42 ***	6.92 ***	9.18 ***	8.28 ***	9.17 ***	8.46 ***
	(0.76)	(0.92)	(1.02)	(1.18)	(1.07)	(1.25)
pop					9.72	15.21
					(11.06)	(11.83)
inc			-2.07	-3.45 *	-2.25	-5.13
			(1.83)	(1.89)	(3.18)	(3.53)
ind					-0.03	0.12
					(0.35)	(0.35)
ter					-0.07	0.11
					(0.38)	(0.38)
segm	0.50 **	0.53 ***	0.43 **	0.47 **	0.48 *	0.47 **
	(0.20)	(0.20)	(0.22)	(0.20)	(0.25)	(0.23)
固定效应	Yes	Yes	Yes	Yes	Yes	Yes

变量	S5	S5_lag	S6	S6_lag	S7	S7_lag
样本数	231	208	231	208	231	208
Adj R^2	0.832	0.875	0.833	0.877	0.834	0.8799.17***

注：* 表示 $p<0.1$；** 表示 $p<0.05$；*** 表示 $p<0.01$。

此外，我们引入变量 **Z** 来逐一检验异质性效应。我们首先检验假设 H1。控制所有原始变量，依次加入 5 个制度质量变量，并将市场分割指数和其交互项一起加入。为了方便阅读，在图 5-6 中展示关注的交互项系数。尽管所有交互项的符号均为正，但都没有在显著性水平为 10% 的情况下显著。这表明市场分割对风电的影响与制度质量无关，没有能证明假设 H1 成立。

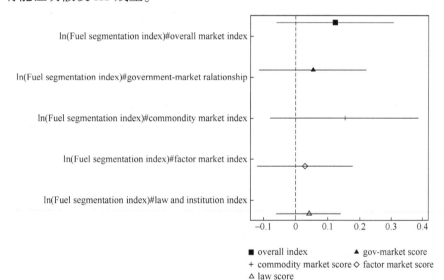

图 5-6 假设 H1 的估计系数

假设 H2 是为了检验电网基础设施是否会改变市场分割对风电发展的影响。我们引入两个变量，分别为电网长度和电网密度。图 5-7 显示了不一致的系数符号，但是都不显著。这个结果拒绝了假设 H2，表明市场分割对风电的影响与电网基础设施建设无关。

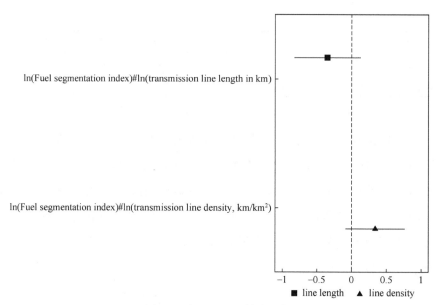

ln(Fuel segmentation index)#ln(transmission line length in km)

ln(Fuel segmentation index)#ln(transmission line density, km/km²)

■ line length　▲ line density

图 5-7　假设 H2 的估计系数

　　不同的代表本地利益集团的备选变量用以检验假设 H3。结果显示，火电装机容量的系数为负但不显著，表明当风电面临外部市场壁垒的情况下，本地煤炭主导的火电对风电无影响。然而，我们发现水电交互项的系数在 10% 显著水平下显著为负，这表明，风电输出省份因为有更大份额的水电装机，从而省间市场分割对 "弃风率" 的影响将会减少。因为当风电—水电联合运行时，水电可以平滑风电上网的不稳定性，这可以增加电网对风电的消纳能力（Luo et al., 2016；Zhang et al., 2016）。相对而言，图 5-8 显示国有企业变量有正的边际效应。这表明，在其他条件不变的情况下，拥有更高国有企业构成的省份会因为市场分割而带来更高的 "弃风率"。

　　最后我们检验假设 H4 并在图 5-9 中展示。结果表明，环境投资在 GDP 所占份额的系数为正，二氧化硫排放密度的系数为负，但是两个系数均在 10% 的显著性水平下不显著。这表明，市场分割对风电发展的影响与当地的环境质量或治理程度无关。

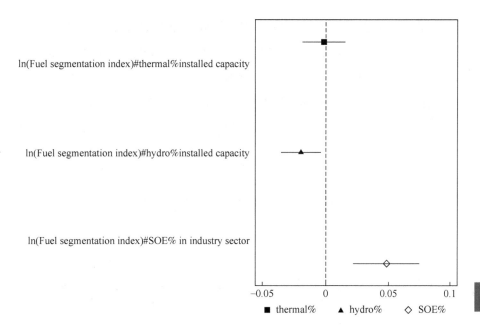

图 5-8 假设 H3 的估计系数

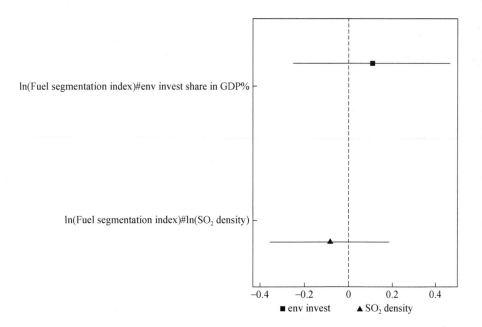

图 5-9 假设 H4 的估计系数

第五章 实证分析二：省级壁垒与新能源消纳

总之，我们基于文献研究和实证检验提出并研究了一个基本假设。分析结果表明：①省内风电装机容量，即风电装机容量的集中是风电"弃风"的主要原因；②省间市场壁垒进一步加剧了"弃风"现象；③当地水电可以与风电相辅相成，从而缓解外部市场壁垒对"弃风"的影响，而较高的国有企业构成可能会加剧市场壁垒对风力发展的影响。

第四节　研究结论与政策建议

我国"弃风"的原因是多方面的。本研究首次定量分析了省级壁垒和市场分割对我国新能源消纳问题的影响。通过构建市场分割指标，利用面板数据模型估计其对"弃风率"的影响程度，我们发现市场分割指标每增加1%，"弃风率"会增加0.43% ~ 0.53%。这一研究结论在统计和现实中都具有重要意义，突出了市场分割在造成风能浪费方面的显著影响。

我们的研究结果突出了消除省间市场壁垒对于提高可再生能源在我国能源供给结构中的比例所起到的重要作用。如果不能解决市场分割问题，"弃风"将继续带来巨大的经济损失。2010 ~ 2016 年，因"弃风"所造成的电力总损失约1450 亿千瓦时，相当于2015 年三峡、葛洲坝水电站的年发电量总和。"弃风"造成的直接经济损失约750 亿元。为了实现可再生能源发展目标的2020 年增加至15% 和2030 年增加至20%，预计风电和太阳能装机容量将在2020 年增加到3.6 亿 ~ 4 亿千瓦，之后会增加至10 亿千瓦。这意味着跨省电力交易量的大幅增加是不可避免的，因为包括风能、太阳能和水力发电在内的可再生能源主要位于我国的北部和西部，远离中国东部和南部的负荷中心（Fan et al., 2015）。

本章较为详细地讨论了电力市场存在的省间壁垒的根源，简单概括其原因在于我国电力体制的历史发展沿革、财税治理结构及中央政府、省级政府与国有企业之间的关系。特别是省级政府机构，在管理包括电力领域的经济发展具有很大的自主权。每个省都希望保护本省的发电企业，以维持就业和税收收入，因而往往成为建设全国统一市场的阻力（Ho et al.，2017）。

2015 年，我国启动了新一轮的电力市场化改革，逐步建立以中长期交易为核心制度来规避风险，建立现货市场来发现电力市场的价格。然而，由于之前的经验，这一轮改革鼓励省级政府带头执行。改革的一个关键内容是建立现货市场，揭示电力真正的市场价格，并根据价格信号进行资源配置。因为风电具有成本优势，其边际成本接近于零，这有助于缓解风电资源的浪费。目前，尽管中央政府已经要求南方电网地区的 5 个省份最终实施区域市场①，但我国的电力现货市场仍在以省为单位推进，现货市场只在个别省级市场进行试点。因此，省间市场壁垒阻碍了跨省和跨区域的电力交易，阻碍了省级市场融入区域市场。Zhang 等（2018）详细讨论了电力改革如何促进可再生能源发电领域的发展，包括加强顶层设计和监管，建立电力现货市场，推进区域电力市场，促进可再生能源配额制度的建立。

目前正在讨论一项强制性可再生能源配额制度，作为提高可再生能源使用率的政策工具。该制度规定每个省的最低消纳目标。我们认为，配额制度可能没有预期的那么有效，因为有效分配可再生能源资源需要自由贸易。如果贸易壁垒仍然存在，各省可以选择通过自行建设可再生能源发电装机来满足配额要求，而不是在省外购买可再生能源电力。市场分割造成的效率低下问题无法从根本上解决。

为消除省间壁垒，中央政府应该通过加强顶层设计和监管的方法，

---

① 2017 年 8 月，国家发展和改革委员会和国家能源局发布了启动现货市场试点的政策，选择了 8 个地区作为试点：南方电网地区（从广东开始）、内蒙古西部、浙江、山西、山东、福建、四川和甘肃。

在电力改革中发挥更大的作用。现货市场因其实时交易的特点而显得尤为重要，它可以使电力市场更具竞争性，使电力资源配置更加优化。目前以省为单位主导的省级现货市场虽然容易实施，但从长远来看，可能会加剧省间壁垒。中央政府要在市场设计中发挥主要作用，推动区域电力市场的发展。我们将在第七章讨论如何通过深化电力市场改革消除省际壁垒，推动大规模新能源消纳。

第六章 实证分析三：强制配额制下新能源区域优化模型研究

第一节 引 言

一、研究背景与意义

为缓解高"弃风率""弃光率"问题，促进可再生能源电力消纳，同时缓解由高额可再生能源补贴带来的财政压力，国家能源局提出实行可再生能源配额制管理，并在2018年3月就《可再生能源电力配额及考核办法》征求意见。办法明确要求将可再生能源占比以及非水可再生能源占比作为经济社会发展和能源发展的约束性指标，并要求各省级人民政府制定相关政策及措施以保障完成区域内可再生能源电力配额指标。

虽然配额制的主要政策意图之一是为了解决消纳难题，但是政策效果需要严谨的分析。各地区为了达到配额制考核标准面临两种选择：发展本地区新能源和外购新能源电力，各地需要在发展本省［（自治区、直辖市），下同］新能源进行就地消纳和直接外购这两个方案之间进行抉择。特高压输电通道在技术层面上为可再生能源的跨区消纳提供了支持，但高企的特高压建设成本使得新能源输送成本较高，因此输入省份的落地电价未必具有竞争力。强制配额政策的实施将如何影响新能源装机的区域布局？在这一政策下，各地区将如何优化资源配置、制定新能源发展规划？本章将从一个社会规划者的角度出发，以成本最小化为原则，以各地完成"十三五"规划期末预期消纳目标为约束，以风电产业为例，考察新增风电装机如何在全国范围进行区域优化。本研究具有较强的理论与现实意义：

第一，从目标分配方法上，考虑在满足新能源发展整体目标与配额消纳比例目标的情况下，依据成本最小化的效率原则对新增的风电装机容量进行区域规划。这是从经济学的角度对可再生能源发展总量目标进行分解的一种尝试。

第二，研究结论对我国合理布局新能源产能、规划新能源建设具有一定的参考意义。结合区域内新发电量与消纳比例，可以预测未来跨区电力交易规模与方向，从而为未来跨区输电线路的建设提供参考。

二、文献综述

本部分将分为三个小节，在第一小节中针对不同可再生能源政策实施效果的相关文献进行总结回顾。由于在可再生能源消纳总目标及分区域可再生能源预期消纳目标的确定过程中涉及省级用电需求的预测，在第二小节中我们回顾用电量预测的相关文献。第三小节则是对强制配额总量目标的确定及分配方法的相关文献进行评述。

（一）可再生能源政策效果比较

各国可再生能源发展支持政策主要可以分为上网电价补贴的价格政策与强制配额制的数量政策。不同政策对可再生能源产业发展的影响效果并不相同，许多学者比较了不同政策实施效果的异同。Butler 和 Neuhoff（2008）从行业与企业两个层面对德国的固定上网电价政策效果进行评估，发现由于固定上网电价政策为投资者提供了更稳定的收入预期，在长期中降低了投资者的风险成本，因此在可再生能源发展初期阶段，采用固定上网电价政策的德国的可再生能源装机容量增长得更为迅速。Dong（2012）通过对国家层面面板数据的分析发现，平均而言采用固定上网电价政策的国家风电装机总量比采用配额制的国家高，但从年装机增速来看，两种政策没有显著的区别。Kwon（2005）从不同的维度对德国配额制政策效果的实施效果进行评估，结果表明配额制对可再生能源技术创新产生正向影响，但同时带来了更大的市场风险。大部分的研究结果表明，在可再生能源发展初期，固定上网电价政策对于快速扩张产能具有较为显著的效果，而配额制则对于提高可再生发电企业的效率和激励技术进步具有积极作用。

不同国家或地区在电价补贴政策设计上也有所不同，可以分为固定上网电价、溢价补贴、差价合约等。一些外国学者对不同电价补贴政策对发电装机的区位选择影响进行了研究。Schmidt等（2013）利用澳大利亚的风能分布及土地数据建立模拟模型与最优化模型，评估了固定电价与溢价补贴对风电场选址的影响。研究结果发现，与固定电价相比溢价补贴下的风电装机在空间分布上更为分散，在溢价补贴政策下，企业更愿意将风电场建立在距离负荷中心较近的地方以节约成本。Hitaj等（2014）对德国1996~2010年各地的风电装机情况构建反事实情景分析，比较统一上网电价政策与地区差异性上网电价政策（以风能资源丰富程度区分）对风电场选址的影响。研究结果表明，后者使得风电的装机分布更为分散，并在一定程度上缓解了风电输送的压力。Pechan（2017）对三种政策形式，即固定上网电价、溢价补贴与节点定价对风电空间分布的影响进行了探究。研究结果显示，固定上网电价政策投资者倾向于将风机集中于风能资源丰富的地区；节点电价政策下则明显地倾向于分散化投资；而在溢价补贴政策下，只有当不同地区的风能资源相差不大的情况下，投资者才会选择将风机装在距离负荷更近的区域。这些研究反映了一个规律：在引入市场机制的政策体系下，企业更愿意将风电装机分散地建造在距离负荷中心较近的地区以节省输电成本，而在固定上网电价补贴政策体系下，企业则更愿意将风机集中地建设在资源中心。

（二）电力需求预测模型

《可再生能源电力配额及考核办法（征求意见稿）》对于非水可再生能源配额考核指标主要是总量占比，因此在确定未来各地区的可再生能源消纳目标时，需要对各地的用电需求总量进行预测。用电量预测模型的选择将对可再生能源消纳目标预测结果的合理性产生较大的影响，因此本节对电力需求预测文献进行回顾。

经典预测方法包括多元回归、时间序列以及面板模型等方法。Mohamed 和 Bodger（2005）比较了 Logit、多元回归、ARIMA 等 6 种不同形式的预测模型对不同国家用电量的预测效果。经济增长与经济结构是最常见的影响电力需求和能源需求的因素（Kraft，1978；Larivière and Lafrance，1999）。陈书通等（1996）分析了 20 世纪 90 年代经济发展水平与能源消费之间的关系，得出能源需求不光与经济总量相关，而且与经济结构状况密切关联的结论。房林等（2004）论证了高耗能行业、市场化程度、电价和人口与电力之间存在的长期均衡关系，并证明在短期内电力需求主要受 GDP 和产业结构影响。

在区域电力需求预测方面，吴玉鸣和李建霞（2009）构建了面板回归模型，分析我国各省（自治区、直辖市）的电力消费与经济增长等相关因素的关系，验证了电力消费上存在明显的地区差异，且工业增加值所占 GDP 比例与地区电力需求量显著相关。张敬伟和宫兴国（2010）对河北省产业结构变动与电力消费之间的相关性进行了实证研究，证明产业结构的调整并非总能对节能效益有所助益，当地的产业结构政策需要进行进一步的优化。He 等（2009）在一般的电力需求预测模型中引入了城市化程度作为解释变量，基于协整模型和面板模型分别进行 2020 年中国不同地区人均用电水平的预测。张化龙等（2011）对江苏省 2010～2014 年的电力需求进行短期预测，从预测误差最小的角度选取组合模型作为最优预测模型。

结合前人的研究成果可以发现，经济增长、产业结构和人口是电力需求预测模型中重点考虑的因素。在模型选择方面，何种模型在用电量的预测上更为准确在当前尚未有明确结论。本章将综合考虑经济、产业结构和人口三方面的因素，采用 AIC 和 BIC 模型选择准则，在一系列的预测模型当中选择拟合程度较高的电力需求预测模型，对"十三五"规划期末全国各省（自治区、直辖市）的用电量进行预测。依据用电量预测的结果，本章将进一步推算出各区域的可再生能源电力消纳目标以及全国的可再生能源电力消纳量总目标，为可再生能源的区域规划提供依据。

（三）可再生能源总量目标确定及目标分配方法

近年来，随着配额制在碳排放、节能领域以及可再生能源等领域的广泛应用，国内外学者对配额政策的设计进行了多方面探索，包括如何设定总量目标、如何在各主体或各地区之间进行配额分配以及实现路径进行了研究和探讨。在碳排放配额方面，Yi 等（2011）根据减排的能力、责任和潜力，提出在中国各省份分配减排强度的目标；Yu 等（2014）使用了改进的模糊簇和 Shapley 值分解模型进行分解，从而确立中国各省 2020 年碳强度目标；Wei 等（2012）建立了碳减排能力指数，通过这一指数在中国各省分配碳强度配额目标。Wang 等（2013）提出根据减排强度、能源强度和非化石燃料份额，在各省分配碳强度配额目标；Zhang 等（2014）使用熵法，分配了 2011～2020 年中国各省碳排放的配额。Miao 等（2015）通过基于生产效率标准分配二氧化碳排放量的 ZSG-DEA 模型，在中国各省之间基于技术效率建立了二氧化碳排放量的分配机制。在能源分配领域，Ohshita 和 Price（2011）将总能源消费分为工业能源使用、住宅能源使用和其他目的，结合区域 GDP，在"十二五"规划中分配中国各省能源强度目标。Zhang 等（2015）确立了一个基于能力、责任和节能潜力的分配框架，以此在省级之间分配"十二五"期间的能源强度目标，并发现分配方案对影响因素比较敏感。

目前关于可再生能源配额政策的研究并不多，更多地是对实行政策的必要性和可行性进行定性分析。刘贞等借鉴欧盟可再生能源规划模型及强制性配额分配方法，指出在制定可再生能源消纳的省级目标时，要充分考虑可再生能源开发潜力和经济规模的影响，均衡省域间利益关系，综合考虑资源禀赋、消费需求等因素对可再生能源规划的影响。刘晓黎等（2008）以绿色经济效益最大化为目标建立可再生能源配额制优化配置的理论模型，考察可再生能源如何在区域间、用户间进行优化配置。这些研究主要是定性分析或者理论探索，缺乏使用真实数据的定量研究。

三、建模思路

本章的研究目标是考察强制配额政策的实施将如何影响新能源装机的区域布局，在配额政策背景之下未来的新能源增量装机如何进行成本最小化的区域优化配置，为评估政策设计的影响提供一个基准情景（benchmark scenario）。构建新能源区域配置优化模型的目标，是在满足各区新能源用电需求的同时，结合电力的跨区输送，最小化新能源电力供给的总成本。因此在构建模型时，需要综合考虑不同区新能源的消纳目标和电力供给情况。

各地区的新能源的消纳量是由该区域内的社会用电总需求和当地的新能源电力消纳比例要求共同决定。其中，各地区新能源消纳比例已经在《可再生能源电力配额及考核办法（征求意见稿）》做出了明确的规划，而社会用电总量则需要综合分析国民收入、产业结构、人口等多项因素对规划期末各省（自治区、直辖市）的用电量构建模型进行合理预测。

在确定了"十三五"规划期末全国非水可再生消纳总量的基础上，

进一步考察如何将全国目标分解到各个地区。由于省级分配方案将会有各省间进行新能源交易，在成本最小化模型求解时维度过高，受到"维度诅咒"（curse of the dimension）困扰，因此，本章将全国分为六大区域，首先在六大区域内进行装机优化，在获得配置结果后再在区域内部的省份进行分配（表6-1）。

表6-1 六大区域分布

区域	地区
华北区域	北京，天津，河北，山西，山东
东北区域	内蒙古，辽宁，吉林，黑龙江
华东区域	上海，江苏，浙江，安徽，福建
华中区域	江西，河南，湖北，湖南，重庆，四川
西北区域	西藏，陕西，甘肃，青海，宁夏，新疆
南方区域	广东，广西，海南，贵州，云南

在区域内部的分配上，将从以下两个角度设计分配方案。

方案一（消纳能力指标）：新能源并网消纳是新能源快速发展过程中需要解决的主要问题，为了促进新能源的就近消纳，降低电力传输成本和传输损耗，应当对消纳能力强的地区分配更多的装机容量。第一种省级分配方案将以基准年区域内不同省份的消纳能力差异为基础进行配置。

方案二（环保压力指标）：发展新能源电力是作为降低环境污染、减少温室气体排放的重要手段，在区域优化配置新能源装机量时，考虑在环保压力更大的省份增加更多的新能源装机，以有助于抑制当地温室气体和污染物的排放。在第二种省级配置方案中，将基于区域内不同省份的环保压力差异进行配置。

第二节　新能源消纳目标测算与电力需求预测

一、新能源消纳目标测算方法

本节将构建省级的电力需求预测模型，对 2020 年各省的用电需求量进行预测，并结合《可再生能源电力配额及考核办法（征求意见稿)》中的预期消纳比例目标确定 2020 年各省级行政单位的新能源消纳量。各省级新能源消纳量的求和即为当年全国的新能源消纳量总目标。计算方法可以直观地由式（6-1）和式（6-2）表示。

$$\mathrm{TWE20}_i = \beta_i \times \mathrm{TE20}_i \tag{6-1}$$

$$\mathrm{TWE20} = \sum_i^N \mathrm{TE20}_i \tag{6-2}$$

式中，$\mathrm{TWE20}_i$ 为 2020 年地区 i 的新能源发电消纳目标。为了完成消纳目标，它等于地区 i 预期电力需求量 $\mathrm{TE20}_i$ 乘以强制消纳比重 β_i；$\mathrm{TWE20}$ 为 2020 全国新能源的总消纳量。

二、电力需求预测模型

在预测 2020 年的电力消费量时，本节选择采用面板回归模型，结合电力需求的相关影响因素进行探究。一方面，与时序回归预测相比，运用面板回归可以扩充样本容量，提供更大的自由度；另一方面，面板回归同时包含了截面和时序两个维度的信息，可以反映地区发展差异对用电水平的影响。

（一）变量与数据

本节以全国 30 个省[1]（自治区、直辖市）在 1997~2016 年的面板

---

[1]　因西藏电力情况特殊，本章整体分析和数据均未包含。

数据作为样本，选取的变量包括：人均 GDP、第二产业占比和人口密度。根据生产理论，作为一种生产投入要素，电力需求是一种引致需求（derived demand），取决于对其产品或者服务的需求，如照明、取暖、交通、生产等。从整个经济体范畴内看，电力需求首先是电力价格、经济活动规模的函数，这是解释电力需求的最重要的两个因素。然而，我国能源市场化改革尚未完成，电价仍由政府制订，电价水平多年不变，因此电力价格变动对电力需求的影响非常小，进而电力需求最简单的模型即为经济活动规模的函数。这方面研究有很多，例如，国内外很多文献已经发现 GDP 与电力消费之间存在显著且稳定的正相关关系（林伯强，2003；何晓萍等，2009）。

人均 GDP 作为一个地区经济发展水平的衡量指标，直观地反映了地区内的生产和生活水平，是影响电力需求的关键性因素。电力作为国民经济发展中必不可少的生产资料和人民生活中重要的生活资料，是地区的经济发展的重要支撑，经济发展水平更高的地区对电力有着更高的刚性需求。此外，电力作为一种特殊的商品，其生产和消费过程具有同时性，且电力本身不可进行大规模储存，由此，我们预期地区经济发展水平与电力需求之间存在同步变动的关系。

第二产业占比指标是对用电结构的度量。改革开放以来，我国的第二产业用电比例一直维持在 70% 以上，作为全社会用电量的主体部分，第二产业用电量的变化趋势直接影响了全社会用电的增长情况。第二产业中，高耗能行业用电占产业用电比例在 40% 以上，占总用电量比例超过 30%，超过了第三产业和居民生活用电总和。随着经济发展模式的转变，第三产业及居民生活用电量将逐步增长，新常态下用电需求的驱动力将从传统经济模式下的高耗能行业用电转向高端制造业用电、第三产业用电及居民生活用电。本节在预测用电量时，考虑将地区产值中第二产业的占比作为解释变量，衡量区域内产业结构的变化对用电量的影响。

人口是影响电力需求的另一个重要因素。随着人民生活水平的不断提高，我国居民部门的电力需求也逐步释放，城乡居民用电量呈现逐年增长的趋势。由于电网和电站的建设具有规模效益，在人口密集的地区可以摊薄人均用电成本，从而有利于电站规模的扩大和电网等用电基础设施的完善。供电设施的完善有利于进一步推动电力需求的发展。基于这个角度，我们考虑将人口密度作为用电量预测模型的解释变量之一。

本节所采用数据来自相关年份《中国电力统计年鉴》《中国统计年鉴》及各省（自治区、直辖市）的统计年鉴。本节中对经济变量以1997 年为基年进行平减，以消除物价变动对经济变量产生的影响。

（二）模型选择

在确定关键性影响因素的基础上，本部分搭建起用电量预测模型的整体框架，采用柯布–道格拉斯（Cobb-Douglas）形式的双对数函数形式，具体如式（6-3）所示。

$$\ln(\text{use}_{it}) = \eta_i + \ln\text{GDP}_{it} + \xi_i \ln\text{Se}_{it} + \psi_i \ln\text{PD}_{it} + \varepsilon_{it} \qquad (6\text{-}3)$$

式中，use_{it} 表示第 i 个省份第 t 年份的人均用电量；GDP、Se 和 PD 分别表示人均地区生产总值、第二产业占比和人口密度。在选择面板数据模型时，根据 F 统计量和 Hausman 检验的结果，选择了固定效应模型。通过在估计模型中加入个体固定效应 η_i 捕捉不同省份的用电特征（包括但不限于气候差异、地方习俗等导致的不同省份之间的用电量差异这类差异不随着时间的变化而改变）。在考虑时间因素对人均用电量的影响时，我们采用了加入时间趋势项和加入时间固定效应两种形式。

为了选择更恰当的预测模型，我们尝试使用不同变量的组合形式。构建的系列模型如Ⅰ~Ⅷ所示。其中，模型Ⅰ~Ⅳ中加入了时间固定效应 γ_t，在模型Ⅴ~Ⅷ中则加入了时间的趋势项，除了时间变量的设定之外，两组模型在自变量的构成上呈现一一对应的关系。

I. $\ln(\text{use}_{it}) = \eta_i + \gamma_t + \alpha_i \ln(\text{GDP}_{it}) + \varepsilon_{it}$

II. $\ln(\text{use}_{it}) = \eta_i + \gamma_t + \alpha_i \ln(\text{GDP}_{it}) + \psi_i \ln \text{PD}_{it} + \varepsilon_{it}$

III. $\ln(\text{use}_{it}) = \eta_i + \gamma_t + \alpha_i \ln(\text{GDP}_{it}) + \psi_i \ln \text{Se}_{it} + \varepsilon_{it}$

IV. $\ln(\text{use}_{it}) = \eta_i + \gamma_t + \alpha_i \ln(\text{GDP}_{it}) + \xi_i \ln \text{Se}_{it} + \psi_i \ln \text{PD}_{it} + \varepsilon_{it}$ (6-4)

V. $\ln(\text{use}_{it}) = \eta_i + \alpha_i \ln(\text{GDP}_{it}) + \lambda_i \ln(\text{time}) + \varepsilon_{it}$

VI. $\ln(\text{use}_{it}) = \eta_i + \alpha_i \ln(\text{GDP}_{it}) + \lambda_i \ln(\text{time}) + \psi_i \ln \text{PD}_{it} + \varepsilon_{it}$

VII. $\ln(\text{use}_{it}) = \eta_i + \alpha_i \ln(\text{GDP}_{it}) + \lambda_i \ln(\text{time}) + \psi_i \ln \text{Se}_{it} + \varepsilon_{it}$

VIII. $\ln(\text{use}_{it}) = \eta_i + \alpha_i \ln(\text{GDP}_{it}) + \lambda_i \ln(\text{time}) + \xi_i \ln \text{Se}_{it} + \psi_i \ln \text{PD}_{it} + \varepsilon_{it}$

为了筛选出最优的模型，需要对模型的拟合程度进行衡量，这里主要运用了 AIC（Akaike Information Criterion）和 BIC（Bayesian Information Criterion）进行拟合度分析，并由此确定最终的用电量预测模型。

第三节　强制配额制下新能源发展区域优化配置分析

一、模型与参数

（一）区域优化模型与省际分配原则

本节构建了新能源区域发展的成本最小化模型，假设各个区域作为一个决策主体，它们的目标是用最小的成本满足消纳考核要求，面临的选择是在本区域内安装新能源还是外购新能源。理性决策人将比较两者成本，如果本地区发展的成本较低，那么决策者就会选择在本地区新增装机；如果外购电成本更低，决策者将会选择外购。因此，我们可以将区域 i 消纳新能源的成本 TIC_i 分为两个部分，一是在本地区发展新能源的成本，二是外购电的成本。

$$\text{TIC}_i = \overbrace{(\text{Lc}_i + \text{Fc}_i) \times Q_i}^{\text{区域内装机发电成本}} + \overbrace{\sum_{\substack{j=1 \\ j \neq i}}^{N} (\text{Gc}_j + \text{Tc}_{ij} + \text{Ac}_i) \times \text{DV}_{ij}}^{\text{区域外购电成本}} \tag{6-5}$$

区域内新能源发电成本为单位装机成本乘以装机总量 Q_i。单位建造成本又可以分解为用地成本 Lc_i 和设备及安装成本 Fc_i。区域外购电成本由购电量和购电成本决定，DV_{ij} 表示 i 区域从第 j 个地区购买的新能源电力。单位购电成本等于区域 j 的发电成本 Gc_j 加上输配成本 Tc_{ij} 再加上辅助服务成本 Ac_{ij}。最小化全国新能源消纳成本可以得到目标函数以及约束条件：

$$\min_{Q_i, \text{DV}_{ij}} \text{TIC20} = \sum_i^N \text{TIC}_i$$

$$= \sum_i^N (\text{Lc}_i + \text{Fc}_i) \times Q_i + \sum_i^N \sum_j^N (\text{Gc}_i + \text{Tc}_{ij} + \text{Ac}_{ij}) \times \text{DV}_{ij} \tag{6-6}$$

约束条件：

$$\sum_i^N Q_i = Q, \text{ 其中 } Q_i = (I20_i - I16_i) \tag{6-7a}$$

$$\sum_i^N \alpha_i I20_i = \sum_i^N \text{TWE20}_i = \text{TWE20} \tag{6-7b}$$

$$\sum_j^N \text{DV}_{ij} = \text{TWE20}_i - \beta_i \text{TE20}_i \tag{6-7c}$$

$$\sum_i^N \text{PA}_{ij} = \beta_i \text{TE20}_i - \text{TWE20}_i \tag{6-7d}$$

$$\sum_j^N \text{PA}_{ij} = \sum_j^N \text{DV}_{ij} \tag{6-7e}$$

式中，Q 是"十三五"规划的新增全国新能源装机量；DV_{ij} 为区域 i 向区域 j 的外送电量；PA_{ij} 为区域 j 接纳的由区域 i 外送的电量。通过变化各区域新能源新增装机量 Q_i 以及跨区购买量 DV_{ij}，使全国新能源发展总成本达到最小化。

式（6-7a）~式（6-7e）为成本最小化模型的约束条件。其含义分别如下：式（6-7a）使各区域的新增装机量等于规划期内风电的新增装机总量；式（6-7b）设定了外生的风电利用小时数，要求各区域在规划期末达到既定的风电利用小时数，解决"弃风"问题；式（6-7c）~式（6-7e）假设存在风电的跨区消纳，地区发电量与消纳量之间的差额进行跨区输送，在全国范围内达成各区风电外输总量与输入总量的平衡。

通过成本最小化模型，我们首先确定了每个区域电网的新增装机容量，接下来需要将区域的装机配额分解至省级单位。为了比较不同分配方案下，各省份风电装机规划的差异，我们选取了两种不同的指标分配原则进行分配。

（1）消纳能力指标

影响风电消纳能力的因素包括发电侧、电网侧、用户侧及机制政策四个方面。①发电侧的影响因素包括风电场的出力特性、系统的装机结构、常规机组的调节能力、系统的备用能力、系统的调频能力等；②电网侧的影响因素包括电网结构以及输电线路传输容量极限；③用户侧的影响因素主要包括负荷的峰谷特性以及需求侧响应能力等；④机制政策的影响因素主要包括风电的上网电价、风电场发电补贴政策等。这些因素的综合作用，共同决定了风电消纳能力。

消纳能力本身是一个综合性的概念，考虑到某些电网和用户负荷的相关数据难以获取，我们尝试从替代性电源提供的辅助容量充裕度的角度构建指标，以区域内不同省份之间的替代电力装机容量差异作为替代性指标进行配置。由于新能源发电本身具有较大的不稳定性，在接入电网时需要常规电源提供相应的调峰和备用容量。火电、水电等替代电力装机容量更大的省份能提供更多的辅助容量配合当地进行风电消纳，从而稳定上网电量满足持续的用户需求。基于替代电力装机建立相应的指标如下：

$$Q_{ij} = Q_i \times \frac{\mathrm{AI}_{ij}}{\sum\limits_{j}^{M_i} \mathrm{AI}_{ij}} \qquad (6\text{-}8)$$

式中，AI_{ij} 为水电、火电装机容量，j 为区域内的省份 j，M 为区域内的省份数。

（2）环保压力指标

由于环保压力越大的地区在长期中负有更大的减排责任，在第二种分配方案中主要考虑了不同地区在环保压力上的差异。我们使用工业用电比例作为不同省份环保压力的替代性指标。工业作为用能和排放的大户，其排放量大约占到国内温室气体排放总量的70%，据国家应对气候变化战略中心测算，到2020年中国基本完成工业化时还要增加10亿~12亿吨排放。在工业用电量占比大的省份就地建设和消纳风电，可以平衡地区工业化进程中造成的环境压力，也有利于促进地区达成减排目标。基于环保压力建立的相应指标如下。

$$Q_{ij} = Q_i \times \frac{\mathrm{IE}_{ij}}{\sum\limits_{j}^{M_i} \mathrm{IE}_{ij}} \qquad (6\text{-}9)$$

式中，IE_{ij} 为工业用电比重，j 为区域内的省份 j，M 为区域内的省份数。

（二）模型参数设定

由于新能源中风电目前仍是主力军，在对模型求解中我们使用风电数据对模型求解进行演示。表6-2为各区域风电的用地、设备及安装及辅助服务成本。

表 6-2　各区域风电的用地、设备及安装及辅助服务成本（单位：万元/1000 千瓦）

区域	用地成本	设备及安装成本	辅助服务成本
华北	18.85	565.81	19.1
华东	17.96	565.81	18.5
华中	14.02	565.81	18.5
东北	11.02	565.81	19.7
西北	8.18	565.81	19.7
南方	14.06	565.81	19.1

"三北"地区是风电工程项目的主要聚集地，也是近年来"弃风"最严重的地区，为解决"三北"地区的风电消纳问题，应当考虑由这三大地区承担的输电任务。我们在模型中将"三北"地区设为风电的输出地，相应的输电成本展示在表6-3 中。

表 6-3　"三北"地区对其他区域的输电成本　（单位：元/千瓦时）

区域	华中	华东	南方
西北	0.102	0.16	0.136
东北	0.136	0.136	0.16
华北	0.102	0.075	0.136

除成本外，最小化模型中涉及的其他参数的设定结果和依据如表6-4 所示。

表 6-4　模型其他外生参数设定

参数 \ 区域	华北	华东	华中	东北	西北	南方
2016 年风电装机（万千瓦）	2 846	1 142	783	4 318	4 264	1 465
2016 年风电利用小时	1 975.3	2 128.2	2 078.7	1 766.5	1 335.8	2 048.5
2020 年风电利用小时	2 021	2 183	2 079	2 124	1 918	2 095
2020 年风电消纳比重（%）	8.60	5.00	7.33	10.67	11.72	3.81

资料来源：国家能源局《可再生能源电力配额及考核办法（征求意见稿）》http://www.nea.gov.cn/2017-01/26/c_136014615.htm。

二、消纳目标预测结果

（一）电力需求模型的选择及预测结果

电力需求模型 6-4 中的可选模型 Ⅰ ~ Ⅷ，相应的参数估计结果如表 6-5 所示。考虑到在固定效应模型当中可能存在个体内误差相关性，我们在评价参数估计的可靠性时采用了聚类稳健标准误差。

表 6-5　电力预测模型参数估计结果

模型 变量	Ⅰ	Ⅱ	Ⅲ	Ⅳ	Ⅴ	Ⅵ	Ⅶ	Ⅷ
$\ln(GDP)$	0.938***	0.751***	0.915***	0.418***	0.806***	0.779***	0.676***	0.570***
	(0.071)	(0.143)	(0.083)	(0.127)	(0.036)	(0.032)	(0.076)	(0.049)
$\ln(PD)$		0.260**		0.056***		0.235***		0.448***
		(0.147)		(0.009)		(0.068)		(0.065)
$\ln(time)$					0.066**	0.096***	0.055*	0.107***
					(0.027)	(0.026)	(0.032)	(0.025)
$\ln(Se)$			-0.603***	-0.551***			-0.493***	-0.701***
			(0.137)	(0.366)			(0.144)	(0.115)
常数项	-1.896***	-1.790***	0.382	0.161	-1.976***	-1.836***	-0.136	0.906***
	(0.05)	(0.066)	(0.504)	(0.491)	(0.044)	(0.047)	(0.513)	(0.440)
时间固定效应	√	√	√	√	×	×	×	×
样本数	570	570	570	570	570	570	570	570
省份数	30	30	30	30	30	30	30	30
R^2	0.956	0.956	0.958	0.963	0.952	0.953	0.955	0.958
AIC	-512.53	-515.767	-548.831	-614.822	-507.45	-517.652	-541.477	-620.199
BIC	-425.62	-424.51	-457.572	-519.218	-494.41	-500.270	-524.095	-559.471

注：* 表示 $p<0.1$；* * 表示 $p<0.5$；* * * 表示 $p<0.01$。

从表 6-5 可以看出，模型的参数估计基本显著，且不同模型变量的参数估计值在符号上基本一致。在模型Ⅰ和模型Ⅴ中，我们仅加入了人均 GDP 作为解释变量，得到的模型的 R^2 值均在 0.95 以上，说明人均 GDP 的变化对用电量的变动具有很强的解释力。从参数估计值的符号来看，人口密度对人均用电量变化有正向影响，而第二产业占比则对人均用电量有负向影响。由于我国人口密度较高的省份多为发达省份，无论是在生产水平还是生活水平上都高于欠发达地区，所对应的人均用电水平也较高。第二产业占比与人均用电量的负相关关系可能是由于第二产业在电力需求部门中的地位在近年来有所下降，第三产业和居民部门的电力消费量逐渐上涨，从产业发展的趋势来看，未来传统的高耗能行业将不再作为用电的主驱动力，而高端制造业、服务业和居民部门的地位将逐步提升。

在模型Ⅰ~Ⅷ中，基于 AIC 和 BIC 模型选择准则选取的最优模型为模型Ⅷ。尽管模型Ⅳ的 R^2 在所有的预测模型中是最高的，但由于模型Ⅳ中加入了年份固定效应，大大增加了模型中的模型参数值，而在 AIC 和 BIC 准则中引入了与模型参数个数相关的惩罚项，因此模型Ⅳ对应的 AIC 和 BIC 值反而较低。

基于模型Ⅷ，要预测 2020 年各省份的用电量，需要对相应地解释变量的取值进行预测。由于预测期较短，我们认为变量在短期内不会产生跳跃式变化，所以采用固定增长率法对各地区的人口数、GDP 和第二产业产值占比进行预测，取最近 3 年内的平均增长率作为各变量未来的增长率。表 6-6 展示了 2016 年 3 个解释变量的预测值与实际值之间的对比情况。

表 6-6　2016 年各地区人口数及 GDP 的预测值与实际值对比

地区	人口数			GDP			第二产业产值占比（%）		
	预测值（万人）	实际值（万人）	误差（%）	预测值（千万元）	实际值（千万元）	误差（%）	预测值（%）	实际值（%）	误差（%）
北京	2 250	2 173	3.53	11 330	11 229	0.9	21.01	19.26	0.09
天津	1 594	1 562	2.03	13 102	13 046	0.43	48.71	42.33	0.15

地区	人口数			GDP			第二产业产值占比（％）		
	预测值（万人）	实际值（万人）	误差（％）	预测值（千万元）	实际值（千万元）	误差（％）	预测值（％）	实际值（％）	误差（％）
河北	7 599	7 470	1.72	25 042	24 804	0.96	50.40	47.57	0.06
山西	3 748	3 682	1.79	8 886	8 617	0.13	47.88	38.54	0.24
内蒙古	2 570	2 520	1.97	12 114	12 059	0.46	51.83	47.18	0.10
辽宁	4 466	4 378	2.02	23 335	22 995	0.62	49.39	38.69	0.28
吉林	2 804	2 733	2.59	10 419	10 330	0.87	51.72	47.41	0.09
黑龙江	3 880	3 799	2.13	15 974	15 719	1.63	36.54	28.60	0.28
上海	2 507	2 420	3.6	20 587	20 426	0.79	34.42	29.83	0.15
江苏	8 169	7 999	2.12	53 294	53 269	0.05	47.27	44.73	0.06
浙江	5 724	5 590	2.4	32 149	32 084	0.2	47.52	44.86	0.06
安徽	6 265	6 196	1.12	18 857	19 009	-0.8	52.33	48.43	0.08
福建	3 945	3 874	1.84	23 064	23 188	-0.54	51.35	48.92	0.05
江西	4 673	4 592	1.77	12 569	12 473	0.77	52.01	47.73	0.09
山东	10 079	9 947	1.33	51 958	51 836	0.24	48.30	46.08	0.05
河南	9 668	9 532	1.43	28 177	28 242	-0.23	51.58	47.63	0.05
湖北	5 965	5 885	1.37	25 268	25 334	-0.26	47.24	44.86	0.05
湖南	6 933	6 822	1.62	21 293	21 327	-0.16	45.76	42.28	0.08
广东	11 169	10 999	1.55	52 517	52 352	0.32	46.08	43.42	0.06
广西	4 916	4 838	1.6	12 780	12 717	0.5	46.72	45.17	0.03
海南	937	917	2.13	2 664	2 655	0.33	25.37	22.35	0.13
重庆	3 070	3 048	0.72	11 698	11 605	0.8	46.94	44.52	0.05
四川	8 371	8 262	1.32	24 202	24 197	0.02	48.15	40.84	0.18
贵州	3 604	3 555	1.39	5 836	5 874	-0.64	40.41	39.65	0.02
云南	4 854	4 771	1.74	9 967	10 046	-0.78	40.88	38.48	0.06
陕西	3 874	3 813	1.61	10 406	10 389	0.17	53.18	48.92	0.09
甘肃	2 659	2 610	1.88	5 049	5 037	0.23	41.37	34.94	0.18
青海	604	593	1.92	1 518	1 520	-0.15	53.43	48.59	0.10
宁夏	687	675	1.79	1 444	1 448	-0.23	48.40	46.97	0.03
新疆	2 432	2 398	1.42	6 232	6 218	0.23	41.92	37.79	0.11

注：因西藏电网情况较为特殊，数据未包括。

应用解释变量的预测结果,结合模型Ⅷ预测出的 2020 年各地区的的用电量如表 6-7 所示。预计 2020 年全国用电总量将达 70008.17 亿千瓦时,比 2016 年约增长 17.27%,华东地区用电量占比最高,约占全国总用电量的 22.76%,而风电装机容量最大的东北和西北地区的总电量合计约仅占全国总用电量的 20.72%。

表 6-7   2020 年各地区的用电量预测结果   (单位:亿千瓦时)

区域	地区	各地区用电量	区域用电量
华北	北京	1 213.76	14 377.47
	天津	1 003.32	
	河北	4 032.11	
	山西	2 313.71	
	山东	5 814.57	
华东	安徽	2 027.72	15 933.83
	上海	1 732.67	
	江苏	5 841.11	
	浙江	4 166.10	
	福建	2 166.22	
华中	江西	1 365.17	13 060.06
	河南	3 786.85	
	湖北	2 129.27	
	湖南	1 925.60	
	重庆	1 187.15	
	四川	2 666.03	
东北	辽宁	2 497.46	7 397.82
	吉林	901.70	
	黑龙江	1 145.84	
	内蒙古	2 852.82	
西北	陕西	1 653.52	7 111.17
	甘肃	1 494.67	
	青海	826.82	

区域	地区	各地区用电量	区域用电量
西北	宁夏	1 088.66	7 111.17
	新疆	2 047.50	
南方	广东	6 452.10	12 127.82
	广西	1 727.81	
	海南	312.21	
	贵州	1 771.23	
	云南	1 864.48	

（二）预期消纳目标

依据区域电力需求量及 2020 年各区域风电预期消纳配额，可以计算出各区域在"十三五"规划期末的风电消纳量及全国风电消纳量①。模型预测到 2020 年全国风电消纳量将达 4786.32 亿千瓦时，超过了"十三五" 4200 亿千瓦时的规划目标；预期 2020 年风电用电量约占全国总用电量的 6.84%，略高于"十三五"规划的 6% 的风电消纳目标（表6-8）。

表6-8 2020 年各地区风电消纳量预测结果

区域	地区	2020 年全社会用电量（亿千瓦时）	2020 年风电消纳比例目标（%）	风电消纳量（亿千瓦时）
华北	北京	1 213.76	8.67	105.19
	天津	1 003.32	8.67	86.95
	河北	4 032.11	8.67	349.45
	山西	2 313.71	10.00	231.37
	山东	5 814.57	7.00	407.02

---

① 该比例是基于《可再生能源发展"十三五"规划》中对 2020 年并网风电和光伏发电利用规模的比例推算而来，详见《可再生能源发展"十三五"规划》专栏二。

区域	地区	2020 年全社会用电量（亿千瓦时）	2020 年风电消纳比例目标（%）	风电消纳量（亿千瓦时）
华东	安徽	2 027.72	9.67	196.01
	上海	1 732.67	2.33	40.43
	江苏	5 841.11	4.33	253.11
	浙江	4 166.10	4.00	166.64
	福建	2 166.22	4.67	101.09
华中	江西	1 365.17	9.67	131.97
	河南	3 786.85	9.00	340.82
	湖北	2 129.27	7.33	156.15
	湖南	1 925.60	12.67	243.91
	重庆	1 187.15	2.33	27.70
	四川	2 666.03	3.00	79.98
东北	辽宁	2 497.46	6.00	149.85
	吉林	901.70	13.33	120.23
	黑龙江	1 145.84	14.67	168.06
	内蒙古	2 852.82	8.67	247.24
西北	陕西	1 653.52	7.62	126.00
	甘肃	1 494.67	10.32	154.33
	青海	826.82	17.00	138.83
	宁夏	1 088.66	14.20	154.61
	新疆	2 047.50	9.61	196.96
南方	广东	6 452.10	2.53	163.45
	广西	1 727.81	3.33	57.59
	海南	312.21	3.33	10.41
	贵州	1 771.23	3.20	56.68
	云南	1 864.48	6.67	124.30
合计		70 008.17	6.84	4 786.32

从配额指标来看，风能资源最丰富的"三北"地区的消纳配额比例最高，在其他三大区域中，华中地区的配额最高，而南方地区最低（图6-1）。从2020年各区域的预期电力消费量来看，东北和西北地区的用电水平较低，非资源中心的华东、华中和南方地区的预期用电水平均较高（图6-2）。区域消纳量占比的计算结果如图6-3所示，华北地区是2020年风电消纳量最大的区域，预期约占当年全国风电消费总量的24.65%，随后依次为华中、西北、华东、东北和南方地区，占比最小的南方地区消纳量约为8.62%。

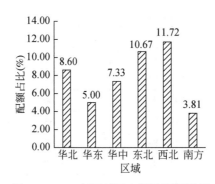

图 6-1　2020 年区域风电消纳配额指标

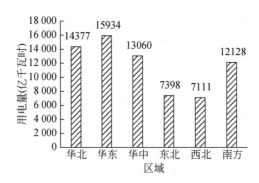

图 6-2　2020 年各区域用电量

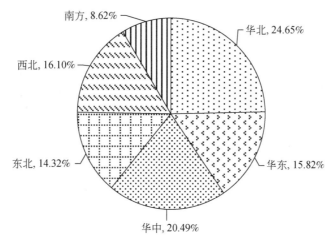

图 6-3　2020 年各区域风电消纳量占比

三、风电装机配置模型结果

（一）六大区域分配结果

结合风电消纳目标预测结果及各项外生参数设定值，本节采用 Excel 规划求解的方法对式（6-6）和式（6-7）的有限制条件的成本最小化问题进行求解，目标是在满足约束条件的情况下求解出各区域最优的风电装机容量，以达成新能源消纳目标。在装机容量区域配置的模型结果中，新增的风电装机容量主要分布在华中、华东、华北和南方地区，增长幅度分别约为 331%、212%、105% 和 34%，而东北和西北地区没有新增风电装机（图6-4）。

从成本参数来看，各大区域的设备及安装成本和调峰成本的差异很小，主要的差异为用电成本和输电成本（表6-9）。风电装机容量增速最快的华中地区的用电成本较低（仅高于东北和西北地区），在当地就地发展和消纳新能源具有较高的性价比。同时，华中地区距离东北和西

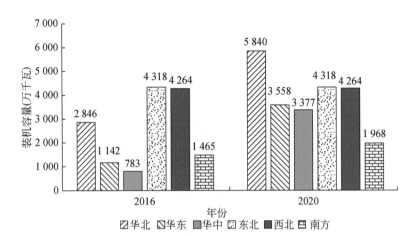

图 6-4　各区域 2016 年风电装机容量与 2020 年风电装机容量对比

表 6-9　风电跨区输送情况　　（单位：亿千瓦时）

项目		风电净输入区			风电输出量合计
		华中	华东	南方	
风电净输出区	东北	231.52	—	—	231.52
	西北	47.05	—	—	47.05
	华北	—	—	—	—
风电输入量合计		278.57			278.57

北两大资源区较近，发电量不足的部分可通过跨区购电的方式补足。增速排名第二的华东地区尽管用电成本较高，但距离资源中心较远，单位输电成本较高，在模型的运算结果中华东地区将优先选择在区域内自行建设风电场。风电装机容量增速排名第三的华北地区是"十三五"规划期末最大的风电消费区，其自身的电力需求量和配额任务均较重，根据模型的运算结果，华北地区的最优选择是通过自建风电场满足区域内的风电需求，同时不承担外送风电的任务。增长最慢的南方地区承担了最低的风电消纳目标，由于当地用电成本较低，且距离资源中心较远，南方地区将选择自发自用的方式达成配额目标。

东北和西北地区不再新增新能源装机，在"十三五"规划期末除了完成风电消纳目标之外，还负责向外输送风电约 278.5 亿千瓦时。尽管东北和西北地区风能资源丰富且用电成本很低，但由于近年来风电装机增速过快，"弃风"情况严重，在"十三五"期间这两大区域的主要任务是缓解当地风电设备产能过剩问题，降低"弃风率"。《2017 年能源工作指导意见》中已将内蒙古、吉林、黑龙江、甘肃、宁夏和新疆划为风电投资红色预警，未来将暂停安排这些地区的风电项目建设。

华中和华东地区是 2016 年国内风电装机容量最少的区域，分别约占全国风电装机总量的 5.28% 和 7.71%（图 6-5）。但从 2020 年的预期消纳量来看，这两个地区 2020 年消纳的新能源发电量分别约占全国新能源发电总量的 20.49% 和 15.82%。为了达成配额目标，这两大区域需要在"十三五"规划期内大力发展新能源。结合我国风电开发建设的布局原则来看，中东部和南方地区确是"十三五"期间国内新能源开发的主场。因地制宜地发展分布式新能源，做到"就近接入、本地消纳"，是国家未来新能源布局的重要依据。由于华中地区当前的新能源发展水平较为滞后，为了达成消纳目标，在充分利用当前的装机产能

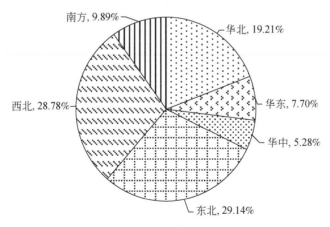

图 6-5 2016 年各区域风电装机容量占比

的基础上，需要从东北和西北地区购进部分电力，在模型的运算结果中，华中地区需分别从东北和西北地区购进 231.52 亿千瓦时和 47.05 亿千瓦时的风电，购电总量约占该区域风电消纳量的 28.41%。由于华中地区距离"三北"地区较近，通过外购风电可以充分利用风能资源集中区的产能，以最低的输配成本达到新能源消纳的目的。

表 6-10 总结了"十三五"规划期末各区域的新能源消纳情况和交易情况。在六大区域中，华北地区是消纳新能源发电总量最大的区域，华中地区是最大的风电净输入区。"三北"地区在 2020 年仍然是我国风力发电核心区，承担全国风电 60.9% 的发电任务。华中和华东地区的风电发电规模将迅速扩大，在"十三五"规划期末风电分别发电 701.9 亿千瓦时和 757.21 亿千瓦时，约占风电发电总量的 14.67% 和 15.82%。

表 6-10　2020 年各区域风电消纳情况和交易情况

（单位：亿千瓦时）

区域	全社会用电量	风电消纳量	区域内实际风力发电量	区域间风电交易量*
华北	14 377.44	1 179.98	1 179.98	0
华东	15 933.86	757.21	757.21	0
华中	13 060.01	980.59	701.92	278.57
东北	7 397.81	685.35	916.97	−231.52
西北	7 111.10	770.79	817.74	−47.05
南方	12 127.89	412.41	412.41	0
合计	70 008.11	4 786.33	4 786.23	—

注：*负值表示风电净输出。

（二）区域内省际风电装机容量分配结果

基于两种区域内分配方法计算出的指标值如表 6-11 所示。其中消纳能力指标用区域内不同地区之间替代电力装机容量的占比加以衡量，环保压力指标则以区域内工业用电占比差异替代。从表 6-11 的计算结果可以看出，这两种分配方案指向的结果存在较大的差异。以环保压力衡量的区域内分配结果更为均衡。事实上，消纳能力的大小仅仅代表了地区内消纳风电能力的上限，而环保压力指标则集中地考虑了地区减排责任的大小，在实际进行风电装机容量的区域规划时，通常需要将这两个维度一起进行综合考量。由于省级层面对可再生能源规划的影响因素较多，除了上述两个因素之外，地方财政、局部地形、风速等均会对选址造成制约。我们暂不将省级层面的分配方法作为研究重点，仅是简要地从两个维度呈现新能源装机省级分配方案，为国家区域优化布局提供参考。

表 6-11　省级层面风电分配指标计算结果　　（单位:%）

区域	地区	消纳能力指标	环保压力指标
华北	北京	5.15	10.46
	天津	6.65	21.06
	河北	22.29	22.26
	山西	30.62	23.59
	山东	35.29	22.63
华东	安徽	18.69	20.48
	上海	8.70	16.55
	江苏	30.57	22.20
	浙江	25.67	21.44
	福建	16.37	19.33
华中	江西	6.83	16.77
	河南	19.91	18.04
	湖北	20.41	16.72
	湖南	11.40	15.32
	重庆	6.11	16.20
	四川	35.34	16.95

区域	地区	消纳能力指标	环保压力指标
东北	辽宁	25.61	25.53
	吉林	14.05	22.80
	黑龙江	13.49	21.64
	内蒙古	46.85	30.03
西北	陕西	17.19	14.52
	甘肃	17.06	17.21
	青海	9.36	20.16
	宁夏	12.67	19.82
	新疆	42.92	18.06
	西藏	0.79	10.22
南方	广东	30.39	19.66
	广西	12.00	20.41
	海南	1.80	15.38
	贵州	18.53	22.08
	云南	37.28	22.47

基于表 6-11 的指标计算结果进行区域新增风电装机容量额度的分配,具体如表 6-12 所示。表 6-12 反映了在"十三五"规划期末每个省(自治区、直辖市)新增的风电装机容量。在环保压力指标下,区域内不同省份的风电消纳量较为均衡;而在消纳能力指标下,调峰能源占比较大的省份则被赋予了更重的消纳任务。

表 6-12　基于两种方案的新增风电装机

容量额度省级层面分配结果　　　（单位：万千瓦）

区域	地区	消纳能力指标分配结果	环保压力指标分配结果
华北	北京	154	313
	天津	199	631
	河北	667	666
	山西	917	706
	山东	1 056	677

区域	地区	消纳能力指标分配结果	环保压力指标分配结果
华东	安徽	452	495
	上海	210	400
	江苏	739	536
	浙江	620	518
	福建	396	467
华中	江西	177	435
	河南	516	468
	湖北	529	434
	湖南	296	397
	重庆	158	420
	四川	917	440
东北	辽宁	—	—
	吉林	—	—
	黑龙江	—	—
	内蒙古	—	—
西北	陕西	—	—
	甘肃	—	—
	青海	—	—
	宁夏	—	—
	新疆	—	—
南方	广东	153	99
	广西	60	103
	海南	9	77
	贵州	93	111
	云南	188	113

结合风电装机容量与风电可利用小时数，可以进一步计算出2020年各地区的风电发电量与交易量，具体如表6-13所示。在两种分配方案中，当前"弃风率"较高的地区，如内蒙古、新疆、甘肃、山西、河北等均承担了风电的输出任务，而华中地区的用电大省河南的风电外

购量则居全国首位。

表 6-13 两种方案的风电发电量和交易结果 （单位：亿千瓦时）

区域	地区	风电消纳目标	消纳能力指标下		环保压力指标下	
			风电发电量	交易量1*	风电发电量	交易量2*
华北	北京	105.19	30.32	74.87	58.11	47.08
	天津	86.95	47.32	39.64	136.87	−49.92
	河北	349.45	423.37	−73.92	423.18	−73.73
	山西	231.37	359.00	−127.63	314.22	−82.85
	山东	407.02	354.25	52.77	283.41	123.61
华东	安徽	196.01	132.58	63.43	141.72	54.30
	上海	40.43	60.79	−20.36	101.79	−61.36
	江苏	253.11	257.33	−4.22	217.30	35.81
	浙江	166.64	159.76	6.88	137.67	28.98
	福建	101.09	152.59	−51.50	170.48	−69.39
华中	江西	131.97	60.29	71.67	114.78	17.19
	河南	340.82	118.02	222.80	108.76	232.05
	湖北	156.15	150.67	5.48	130.95	25.20
	湖南	243.91	108.95	134.95	130.56	113.34
	重庆	27.70	29.83	−2.13	71.71	−44.00
	四川	79.98	234.05	−154.07	126.89	−46.91
东北	辽宁	149.85	154.08	−4.23	154.08	−4.23
	吉林	120.23	96.15	24.08	96.15	24.08
	黑龙江	168.06	115.40	52.66	115.40	52.66
	内蒙古	247.24	592.20	−344.96	592.20	−344.96
西北	陕西	126.00	52.24	73.76	52.24	73.76
	甘肃	154.33	234.43	−80.10	234.43	−80.10
	青海	138.83	11.91	126.92	11.91	126.92
	宁夏	154.61	168.15	−13.54	168.15	−13.54
	新疆	196.96	369.59	−172.63	369.59	−172.63

新能源消纳问题研究

区域	地区	风电消纳目标	消纳能力指标下		环保压力指标下	
			风电发电量	交易量1*	风电发电量	交易量2*
南方	广东	163.45	77.80	85.65	67.81	95.64
	广西	57.59	30.13	27.47	40.15	17.45
	海南	10.41	7.13	3.27	19.31	-8.90
	贵州	56.68	82.22	-25.55	85.45	-28.77
	云南	124.30	214.15	-89.85	196.89	-72.59

注：*负值表示风电净输出。

第四节　研究结论与政策建议

一、研究结论

为探究可再生能源配额制背景下新能源发展的区域规划，本章结合《可再生能源电力配额及考核办法（征求意见稿)》中对 2020 年新能源消纳比例配额的规划，构建用电量预测模型，对 2020 年全国新能源消纳量与地区新能源消纳量进行了预测。在消纳量的约束之下，通过求解成本最小化模型，对全国六大区域 2020 年以前的新增风电装机量进行规划，随后，使用消纳能力指标和环保压力指标对区域内新增风电机装容量进行省际分配。

通过新能源消纳目标预测模型，求得 2020 年全国风电消纳量为 4786.32 亿千瓦时，超过了 4200 亿千瓦时的规划目标；预测 2020 年风电用电量约占全国总用电量的比例为 6.84%，略高于 6% 的风电消纳目标。从区域风电消纳量来看，华北地区是 2020 年风电消纳量最大的区域，预期约占当年全国风电消费总量的 24.65%，随后依次为华中、西北、华东、东北和南方地区，占比最小的南方地区消纳量约为 8.62%。

通过求解成本最小化模型，推算出华北、华东、华中、东北、西北和南方六大区域风电 2020 年的累计装机容量分别为 5840 万千瓦、3558 万千瓦、3377 万千瓦、4318 万千瓦、4264 万千瓦和 1968 万千瓦，增长分别为 105%、212%、331%、0、0 和 34%。由于西北和东北两区域在过去的几年中过快地扩张风电产能，导致"弃风率"居高不下，在成本最小化的视角下，西北和东北地区在"十三五"规划期末之前都不应再新增风电装机容量。由于华北地区的电力需求量较大，且本身为风能资源富集区，在规划期内华北地区通过自建风电场满足当地的风电消纳需求。与华北地区相似，华东地区也选择通过自建风电场满足消纳比例目标，且华东地区的风电装机容量增长为各区域的第二位。由于华东地区距离风电资源集中区较远，输电成本较高，在成本约束下，华东地区的最优选择是不外购风电，通过自建风电厂的方式完成消纳目标。华中地区则可依靠就地发展风电和外购电力两种方式完成消纳目标，且风电装机容量增长为各区域之首。这一方面是由于国家为华中地区制定了较高的可再生能源电力消纳目标；另一方面，当前华中风电的发展水平在全国居末，为实现消纳目标需要加快当地的风电发展步伐。由于华中地区与我国最大的风能资源中心距离较近，可以享受较低的输电成本，在模型的运算结果中，华中是唯一的风电净输入区，是消化东北和西北两地过剩产能重点区域。南方地区通过自建风电场达成消纳目标，且由于消纳任务相对较轻，南方地区未来的风电装机容量增长较之其他地区更为平缓。

关于区域内配置，本章考虑了消纳能力和环保压力两个维度，从分配结果可以直观地看出，在"十三五"规划期末，当前"弃风率"较高的内蒙古、新疆、甘肃、山西和河北等地区均承担了风电净输出的任务，而华中地域的大多数省份则可通过外购风电的方式辅助完成消纳指标。

二、政策建议

在可再生能源政策背景之下，为降低我国发展可再生能源行业的成本，减少风电因资源分布不均导致的"弃风"问题，应当对新增风电装机容量进行合理的区域配置，在增强资源区对风电消纳能力的同时促进远距离风电输送，通过跨区域消纳的方式解决风电在西北和东北地区过剩的问题。结合本章的研究结论，从以下几个方面提出相关的政策建议。

第一，严格贯彻风电配额制的发展目标。在推行可再生能源区域合理规划的同时，需要督促各配额主体落实消纳责任。通过落实可再生能源消纳比例指标，由各省级行政单位共同分担可再生能源消纳责任，从而推动国家可再生能源总体目标的实现。

第二，发展和完善远距离输电技术。风力资源中心与电力负荷中心的分离一直是我国解决风电消纳问题的一大难关。发展远距离输电技术，将风力资源中心的电力传输至负荷中心，既能充分利用资源中心的已有产能，又能满足负荷中心由于电力消费总量增长而拉动的可再生能源电力需求。

第三，有序推进"三北"地区风电的进一步建设。由于当前西北和东北区域风电产能依然过剩，局部地区存在高"弃风率"，许多风电设施处于闲置状态，造成资金与人员的浪费。结合模型的运算结果，我们认为在短期之内应当尽可能通过跨区域风电消纳的形式利用过剩产能，同时在"十三五"期间应当暂缓在西北和东北地区新建风电场，利用两区域当前的风电装机存量满足风电在"十三五"规划期内的发展需要，在充分消纳产能的基础上再进行进一步的风电建设。

三、研究不足及未来研究展望

第一，在确定各区域在"十三五"规划期末新能源发电的消纳量时构建了电力需求预测模型，该模型仅考虑了经济总量、产业结构、人口三个变量，可能难以完全解释电力需求情况；此外，将模型设定为线性形式，未考虑在其他模型设定下是否会有更好的拟合结果。在下一步的研究中，可以尝试进行动态面板预测，加入更多的解释变量，并放松对模型形式的限制，以求达到更好的电力需求预测结果。

第二，在成本最小化模型的成本参数设定中，由于数据来源十分有限，不得不采用一些估算值和较为陈旧的数据，降低了模型的准确性。在下一步的研究中，可以进一步对成本参数进行挖掘和细化。

第三，在考虑跨区输电问题时，没有将技术因素纳入考虑，仅从成本的角度进行衡量，所得到的发电和输电方案是否具备现实中的可操作性仍需做进一步检验。

第四，在区域内的配置上，仅考虑了消纳能力和环保压力两个维度，并且只采用了单一指标加以衡量，导致区域内配置结果较为片面。在接下来的研究中可以将区域内配置指标做进一步的处理，考虑更多的影响因素，如政府支持、地区成本承受能力等，并采用多个指标综合反映，以对区域内风电新增容量进行合理分配。

新能源消纳问题研究

第七章 推动电力体制改革促进新能源消纳

2015 年 3 月，中共中央、国务院下发《关于进一步深化电力体制改革的若干意见》（中发〔2015〕9 号，以下简称"中发 9 号文"）以及 6 个配套文件，标志着我国新一轮电力体制改革开启。本轮电力体制改革核心思想是坚持社会主义市场经济改革方向，主要任务是加快构建有效竞争的市场结构和市场体系，目标是形成主要由市场决定能源价格的市场机制。先后出台的配套文件从输配电价、交易机构、售电侧放开、市场机制建设、改革的过渡和衔接等不同维度进行了整体设计。

电力市场改革与新能源发展是一个互动的过程。伴随着风电、光伏发电规模的逐渐扩大，两者相互影响。电力市场规则与结构改变短期内将影响新能源的消纳，长期内将影响新能源的投资；反过来，随着新能源发电规模的扩大，也对电网和电力市场提出了挑战。

第一节 新一轮电力体制改革进展及新能源消纳

一、发展新能源是本轮电力体制改革的重要目标

实现电力向清洁化发展，逐步扩大清洁能源占比；实现清洁能源对煤电的替代，以减少污染与应对气候变化，促进新能源发展，是新一轮电力体制改革的重要目标。中发 9 号文明确要求，要"从实施国家战略全局出发""推动电力行业发展方式转变和能源结构优化"，提高发展质量和效率，提高可再生能源发电和分布式能源系统发电在电力供应中

的比例；明确提出解决可再生能源保障性收购、新能源和可再生能源发电无歧视、无障碍上网问题是当前电力体制改革的重要任务。从一定程度上讲，是否能够有效解决"弃风""弃光"问题将是考量本次电力体制改革成效的重要目标之一。

二、电力体制改革进展与促进新能源消纳

新一轮电力体制改革从 2015 年 3 月启动，已经进行了 4 年。在发电、售电和输配电价、电力市场建设等方面均取得了很大进展。我们在这里仅总结有利于促进新能源消纳的改革进展。

（一）逐步放开发用电计划

各省均已确立了优先发电权和购电权制度，按照与市场建设节奏相协调的原则，对放开工作做了总体安排。大多数省份计划在未来 3～5 年，放开公益性和调节性以外的电量，发用电计划循序渐进、平稳放开的态势初步形成。

在放开发用电计划的同时，建立优先购电、优先发电制度，坚持可再生能源优先上网。中发 9 号文的两个配套文件《关于推进电力市场建设的实施意见》《关于有序放开发用电计划的实施意见》以及国家发展和改革委员会办公厅《关于开展可再生能源就近消纳试点的通知》等文件均指出，建立优先购电、优先发电制度，保障规划内的可再生能源优先上网。

（二）建立市场化交易制度，不断扩大电量交易规模

全国范围内电力市场化交易初具规模。随着发用电计划的有序放开，市场主体规模迅速发展，市场化交易规模将进一步扩大。2017 年全国电力市场交易规模超过 16 000 亿千瓦时，其国家电网有限公司经营范围内完成交易电量达 9585 亿千瓦时，约占全社会用电量的 25%，

高出 2016 年 6 个百分点。典型省（自治区、直辖市），如内蒙古、云南、辽宁、浙江、广西和宁夏等市场化交易电量规模约占年度发电计划的 50%。

以省试点起步，国家确定了浙江等 8 个电力现货市场建设试点省份，广东、浙江等试点省份在确定市场模式、制订建设方案、起草市场规则等方面进行积极探索，在市场体系、交易时序和出清机制等关键市场设计方面迈出了积极步伐。同时，为加快解决可再生能源"弃风""弃光"问题，国家电力调度控制中心开展了跨区域省间富余可再生能源电力现货交易试点。

市场交易品种不断丰富。部分省（自治区、直辖市）发电权转让交易全面铺开，新能源省间发电权交易、抽水蓄能电站与新能源低谷交易等市场化交易品种开始探索开发。调峰等辅助服务交易初见成效，如东北地区辅助服务市场运行机制探索加快，提高了煤电企业参与调峰的积极性。

（三）探索跨区域省间富余可再生能源现货市场试点

跨省跨区交易取得较大进展，跨区域省间富余可再生能源电力现货交易正式运行，2017 年交易电量超过 60 亿千瓦时。跨区域省间富余可再生能源现货市场虽然仅涉及富余可再生能源，但其为新一轮电力市场改革以来的第一个正式运行的现货市场，有着积极的意义。该市场同时开展了日前和日内市场，实行购售电双侧报价，并在撮合成交中考虑不同路径的输电费用，建立了跨区现货市场的雏形，为省级现货市场的开展积累了经验。

（四）提高辅助服务补偿力度，试点电力调峰市场机制

为了拓展可再生能源消纳空间，提高电力系统调节能力，东北电网开展了区域调峰辅助服务市场建设，调动火电主动调峰的积极性，缓解

供暖期热电矛盾，解决低谷调峰问题。福建、山西等也开展了省级调峰辅助服务市场。负荷受天气及温度影响较大的广东电网，由于对调频辅助服务的需求强烈，开展了广东调频辅助服务市场，通过引入表征机组性能的调整因子，确保优质的调频资源先被调用，激励市场成员提升调频服务质量。

三、电力体制改革后新能源消纳困境改善

新一轮电力体制改革的多重措施促进了新能源消纳困境的改善，"弃电率"和"弃电量"出现双降。全国范围内"弃风率"从 2016 年的 17% 下降到 2017 年的 12%，2018 年再下降到 7%。分区域来看，大部分"弃风"限电严重地区的形势开始好转，其中 2017 年吉林、甘肃"弃风率"下降超过 14 个百分点，内蒙古、辽宁、黑龙江、新疆"弃风率"下降超过 5 个百分点。

2017 年全国光伏发电"弃光"电量同比减少 18 亿千瓦时，"弃光率"同比下降 2.8 个百分点，实现"弃光"电量和"弃光率""双降"。"弃光"主要集中在新疆和甘肃，其中，新疆（不含兵团）"弃光"电量为 21.4 亿千瓦时，"弃光率"为 16%，同比下降 6 个百分点；甘肃"弃光"电量为 10.3 亿千瓦时，"弃光率"为 10%，同比下降 10 个百分点。

第二节　电力体制改革新形势下新能源消纳面临的挑战

一、省内市场交易规模有限，限制新能源优先发电

本轮深化电力体制改革的重点任务之一是推进发用电计划改革，更多发挥市场机制的作用。在放开发用电计划的同时，建立优先购电制度和优先发电制度，保留了一部分发用电计划。

发电侧一类优先保障包括：纳入规划的风能、太阳能、生物质能等

可再生能源的发电；为满足调峰调频和电网安全需要的发电；为提升电力系统调峰能力、促进可再生能源消纳、可再生能源调峰机组的发电；为保障供热需要，供热方式合理、实现在线监测并符合环保要求的热电联产机组，在采暖期按"以热定电"原则的发电。两类优先保障包括：跨省跨区送受电中的国家计划、地方政府协议送电；水电；核电；余热余压余气发电；超低排放燃煤机组。优先购电保障包括：第一产业用电；居民生活用电；重要公用事业、公益性服务用电，包括党政机关、学校、医院、公共交通、金融、通信、邮政、供水、供气等涉及社会生活基本需求，或提供公共产品和服务的部门和单位用电。

利用2016年《中国电力年鉴》中2015年各省份行业用电量数据以及分电源类型发电量数据，可以计算出各省份清洁能源优先发电量与优先购电量基本情况（图7-1，图7-2）。可以发现，优先发电量最大的省份为水电大省，其次为核电大省和可再生能源大省。优先购电量的大小主要取决于重要公用事业、公益性服务用电，与各省的经济体量存在显著的正向相关关系，优先购电量最大的为经济体量大且人均收入较高的省份，而经济落后省份优先购电量都较小。

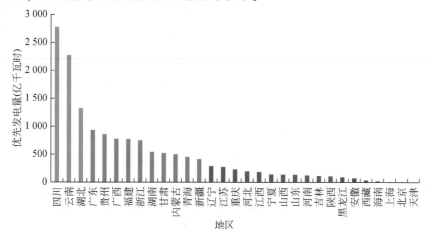

图7-1　各省（自治区、直辖市）清洁能源发电结构

资料来源：根据2016年《中国电力年鉴》计算得到。

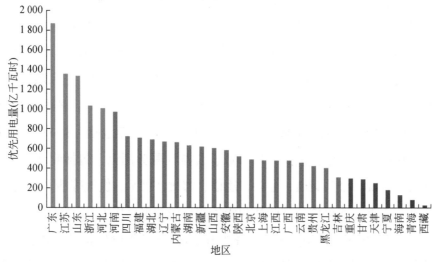

图 7-2　各省（自治区、直辖市）优先购电结构

资料来源：根据 2016 年《中国电力年鉴》计算得到。

目前，我国电力市场建设主要以省级为单位进行，而各省的电力行业发展状况、行业用电量构成、电源装机结构等存在差异。清洁能源大省的优先发电占比往往相对较大，例如可再生能源大省（自治区）甘肃、内蒙古的可再生能源发电量在总发电量中的比例远远高于全国平均水平，均高于 11%；水电大省四川、青海的水力发电量均占据总发电量的 50% 以上，自然这些省份的优先发电量也就较大。但这些省份往往处于西南和西北部地区，经济发展水平较低，优先购电无法消纳全部优先发电量，这将会导致优先发电量的富裕。此时，需要电网企业到售电市场以市场化方式出售这部分政府定价的优先发电。对于全国的负荷中心来说，例如北京、上海，往往是优先购电量较大，而清洁能源发电却较少，这就使得优先发电无法保障优先购电，形成优先购电量的缺口。此时，需要电网企业到发电市场上以市场化交易方式买电，进而在售电市场上以政府定价售出。

省内电力市场化交易的局限性在这两种情况下凸显出来：一方面，

优先发电量和优先购电量份额较大，挤占了可用于市场化交易的电量份额，导致省内电力市场的交易规模缩小；另一方面，优先发电量与优先购电量的不匹配，要求电网企业在发售电市场上进行区域内的市场化交易，以保障优先富余电量的消纳和优先购电量的缺口。

二、以省为单位进行电力市场建设，凸显省级壁垒

新一轮电力体制改革启动后，电力改革试点以省为单位落实推进，全国先后有20多个地区获批试点，各地区电力市场改革在如火如荼地进行中，市场化进程均已取得巨大进展。在当前改革起步阶段，以省为主体推进电力市场化改革试点具有积极意义，有助于调动地方积极性。但是在长期发展过程中，如果缺乏妥善引导，省级市场体系持续巩固，壁垒将愈发明显，会对自发演变成省间市场造成极大的阻碍。从促进大规模新能源发电消纳的角度来看，以省级为单位建立电力市场面临以下几个挑战。

（1）以省级为单位建设使得市场空间变小

本轮改革采用市场与计划双轨制，即优先购电和优先发电制度保留了部分计划发电，剩余部分逐步由市场来进行配置。"两个优先"政策挤占了大量可用于市场化交易的电量份额，导致省内电力市场的交易规模缩小，变成"鸟笼市场"。

（2）以省级为单位建设使得市场风险加大

为防范市场串谋，西方发达国家建设电力市场之前通常将电厂私有化并拆分，单一公司市场份额一般控制在15%~20%，以形成有效竞争。在中国国情下，这一做法很难照搬，这就导致省级市场天然结构上存在重大缺陷。在这种市场结构下，扩大市场范围、稀释市场集中度是建设竞争性批发市场的最优选择。

（3）以省级为单位建设使得市场成本变高

一方面，电力现货市场建设本身成本比较高，例如，美国宾西法尼

亚–新泽西–马里兰互联电网（PJM）市场的交易系统建设成本约为 5 亿美元；1998 年，英国电力零售市场全面开放，2600 万居民进入市场，据估算，全社会的信息系统支出约为 10 亿英镑。另一方面，若各省现货市场采用不同交易规则，易形成"现货壁垒"，强化目前的"省间壁垒"，将妨碍资源优化配置，加大市场融合难度，推高融合成本。

三、电力市场规则设计影响新能源发展与消纳

近年来，全球风电、太阳能光伏发电等可再生能源技术不断进步、产业快速发展、应用规模持续扩大，使可再生能源发电成本显著下降。可再生能源发电支持政策也从高保障性的固定上网电价机制，向推进其参与市场竞争的拍卖招标、溢价补贴、绿色电力证书等多样化机制转变（时璟丽，2018）。2019 年初，《关于积极推进风电、光伏发电无补贴平价上网有关工作的通知》出台，标志着我国新能源发展将逐步进入无补贴时代，这意味着未来新增风电和太阳能光伏发电可能不再享受保价又保量的优惠政策，而是通过参与市场竞争获得收益。

新能源以何种方式参与电力市场竞争是我国电力市场改革的一项重要内容。电力市场设计的目标之一应该考虑如何更友好地接入大规模具有间歇性、随机性的风电和太阳能光伏发电。我国目前的电力市场设计还有一些问题尚不清楚，需要在实践中不断完善，包括：《可再生能源法》规定对可再生能源实行全额保障性收购，通过最低保障小时数保障了新能源发电量，固定上网电价制度保障了新能源的价格。这些政策对于促进我国新能源快速发展的积极作用是毋庸置疑的。根据中发 9 号文及 6 个配套文件规定，新能源仍然是在优先发电计划中，存量装机仍然享有固定上网电价保价和保障性上网小时数保量的政策。但电力市场改革的方向是还原电力商品属性，按照市场规律进行发电权配置，按照发电成本进行市场竞争才会产生有效率的配置结果。在既保量又保价的条件下，新能源如何参加市场竞争？新能源如何承担调峰调频成本？大

规模新能源消纳既需要大量的灵活性资源适应新能源出力波动，也需要一定比例出力稳定可控的常规电源保证系统可靠性。国外电力市场中，现货市场价格是调动调峰资源的最有效途径。但我国目前尚未建立现货市场的情况下，只能通过适当的辅助服务机制，对各类电源提供灵活性给予补偿。如果没有很好的辅助服务等激励机制以及保障常规电源利益的补偿机制，"弃风""弃光"问题仍不可能得到有效解决，也可能影响系统安全。

第三节　新能源友好型电力市场建设的关键问题

一、防范省级壁垒，大范围配置电力资源

目前我国大多数省份发电量与用电量均不平衡，需要通过跨省消纳来解决部分时段的电量富裕或短缺的情况。特别是可再生能源电力，存在长期的不平衡问题，资源禀赋中心与负荷中心不匹配，导致大量可再生能源电力浪费。然而以省级为边界的电力市场将进一步阻碍电力的跨省消纳，省级壁垒及抬高的输配电价使得跨省输电成为困难。通过建立省间电力市场，进行统筹规划，进一步在全国进行统筹，可以有效地解决电力省级消纳问题，也保证了电力市场价格的稳定波动。

借鉴欧洲国家的经验，在能够建立省间市场的地方直接建立省间市场，能够在更高层次统筹规划的地方，就不能在低层面进行统筹规划。打破以省（自治区、直辖市）为边界的省级电力市场制度，通过省间电力市场可以有效地预防市场势力等问题的发生。京津唐、长三角、南方区域等应重点建设建立好省间电力市场制度体系。另外，建立省间电力市场就应配套高层面统筹规划机制，保证省间电力市场的有效运转。

省间市场有助于解决省级市场的交易规模不足。对于西部等偏远地区，用电量、发电量本身较少，即使完全放开市场，其市场规模也并不

大，很难形成合理有效的省级电力市场。另外，2017 年 8 月，国家发展和改革委员会颁布《关于印发优先发电优先购电计划有关管理办法的通知（征求意见稿）》，旨在建立优先发电、优先购电制度，实现"两个确保"。由上文计算，水电大省湖北、四川、贵州、云南等地由于优先发电量较大，对市场交易份额存在较大的挤出。可交易市场规模仅占 60% 左右，"两个确保"的问题导致省内部分电力被单独划分而不会参加市场，这将使市场的规模进一步缩小。通过建立省间电力市场，统一制订交易规则、统一进行电力电量交易，将减少各省政府的政策成本，也扩大了电力交易市场的规模，便于政策的制定与实施，便于竞争的充分有效，便于市场的稳定可靠运行。

二、加强现货市场顶层设计，出台市场建设指导意见

完备的现货市场是国外电力市场成功运营的关键。现货市场主要开展日前、日内、实时的电能量交易和备用、调频等辅助服务交易，现货市场所产生的价格信号可以为资源优化配置、规划投资、中长期电力交易、电力金融市场提供一个有效的量化参考依据。一方面，现货市场是对所形成的中长期交易计划进行实物交割和结算的重要构成；另一方面，大规模新能源边际成本低，正是通过现货市场发挥优势的。在现货市场的作用下，新能源通过低边际成本自动实现优先调度，并且中长期交易通过现货市场交割，同时通过现货市场的价格信号引导发电主动调峰，优化统筹全网调节资源，有效促进新能源消纳。在具体市场规则设计中，充分考虑新能源发电的波动性、不确定性、边际成本等特点，一方面，通过合理的投资保障机制，调动各类型，尤其是灵活性较高的电源投资的积极性，保障电力系统长期安全地可靠运行；另一方面，通过运行阶段规则设计，如日前市场竞价、结算，日前市场与日内市场衔接、实时市场奖惩措施等，充分调动灵活性资源的潜力。

不同于中长期市场，现货市场因为其日前市场的特殊性，电力电量

交易频繁，交易规则尤为重要。现货市场若交由省级部门制订，将因为技术原因加剧省级壁垒，从而导致省级市场的不断发展扩大。虽然中长期市场可以由省级部门制订，市场范围主体也可为省级层面，但为加强电力市场的省间与全国的整体性，现货市场的规则应由中央层面制订。

通过中央层面的规则制订，将全国的现货市场规则统一，便于现货市场从一出现便是一个为全国性电力市场目标发展的市场。由中央层面设计规则，考虑各省利益诉求的同时，也将促进全国电力行业、电力市场的平稳有序发展。

三、完善补贴政策，推动新能源积极参与电力市场

推进竞争性电力市场建设，在竞价市场上发挥清洁能源发电边际成本低的优势，实现清洁能源优先调度。电力市场改革最终应形成由市场供需和边际成本决定市场价格的机制，通过竞争方式安排各类机组的发电次序，取消发电量计划管理制度。逐步放开可再生能源参与市场化交易，发挥可再生能源边际成本低的竞争优势，充分利用市场机制发掘可再生能源消纳空间，可以缓解"弃风""弃光"矛盾。

适时完善新能源价格补贴机制，推动新能源积极参与电力市场，是我国新能源实现更大规模发展的必要选择。固定上网电价加全额收购，是新能源发展初期为推动新能源快速发展的有效激励政策，但是随着新能源规模增大，补贴额度不断增加以及对电网影响日益凸显，建立合理的可再生能源补贴机制，是多数国家的政策调整方向。可以考虑将可再生能源的固定电价制度逐步调整为溢价补贴机制，实现价补分离，不仅有利于可再生能源的消纳，提升其竞争力，也能加快可再生能源补贴退出速度。

第八章 电力体制改革新形势下可再生能源消纳的地方探索

我国幅员辽阔，各省份和地区间经济发展、电力供需结构、电网基础设施等情况存在较大差异，因此在新能源消纳问题的主要矛盾也不尽相同，相应的解决方案也各有侧重。2016～2018 年，我们调研和考察了三个典型新能源地区，即甘肃省、东北地区和山西省，实地考察各地在解决新能源消纳问题方面的探索。

甘肃省是我国重点风能、太阳能资源区，其境内的酒泉千万千瓦级风电基地有"陆上三峡"之称。同时，甘肃也是国内"弃风""弃光"最严重的地区之一，2016～2019 年连续 4 年"弃风率"在 30% 以上并被国家能源局列入风电投资监测红色预警区域。甘肃为我们提供了一个典型案例。严重消纳困境是多种矛盾的集中体现，包括省内电力供需的严重失衡，合理规划的缺失，新能源发电与煤电的矛盾，电网网架结构和输送能力的不足以及省间交易的壁垒和利益的博弈。

东北地区风能资源丰富，风电装机发展迅猛，同时部分地区"弃风率"一度也超过 20%。东北地处高寒地区，煤电机组中供热机组比例较高，供暖期热电矛盾、风火矛盾突出，造成消纳困难。近年来，东北地区通过"技术手段与市场机制相结合"的方式，实现了热电矛盾和消纳问题的有效缓解。区域电力辅助服务市场是东北地区机制创新的亮点，它推动火电进行灵活性改造，缓解热电矛盾，同时激励火电参与系统调峰，为解决新能源消纳矛盾做了有益探索。

山西省是煤炭大省、煤电大省、电力外送大省；省网网架结构坚强，区域电网统一调度，调峰资源相对充裕；跨区跨省输电通道快速发展，外送能力强。以上条件下，虽然山西省新能源装机占比已超过20%，但仍能够保证充分消纳，2018年上半年基本无"弃风""弃光"发生。尽管如此，山西省仍未雨绸缪，建立市场机制以引导新能源参与竞争、健康发展。

第一节 甘 肃 省

一、新能源"弃电"局部缓和，但整体堪忧

甘肃省风能、太阳能资源丰富，是国内新能源装机重镇，也是新能源"弃电"最严重的地区之一。据国家电网有限公司统计，2017年甘肃、新疆两省（自治区）合计"弃电量"约占公司经营区总"弃电量"的66%。如图8-1和图8-2所示，2015年和2016年甘肃省风电、光伏发电利用小时数远低于全国平均水平，"弃风""弃光"情况严重；2017年风电、光伏发电用小时数有所上升但仍与全国平均水平有一定差距，"弃风""弃光"率均有所下降。

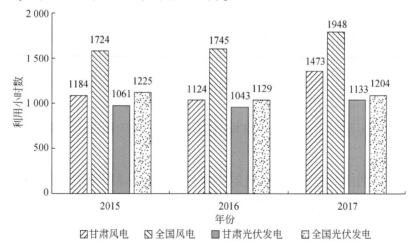

图8-1 甘肃省2015~2017年风电、光伏发电利用小时数

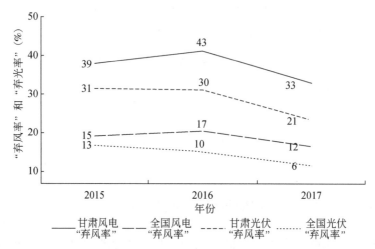

图 8-2　甘肃省 2015～2017 年"弃风率"和"弃光率"

2018 年上半年，甘肃新能源发电实现"双升双降"。其中，风电发电量 116.83 亿千瓦时，同比增长 32.97%；光伏发电量 45.00 亿千瓦时，同比增长 35.13%。"弃风"电量 30.14 亿千瓦时，同比减少 39.09%，"弃风率"20.51%，同比降低 15.52%；"弃光"电量 5.86 亿千瓦时，同比降低 39.58%，"弃光率"11.52%，同比降低 11.04%。

二、省内市场有限，保消纳面临取舍

截至 2018 年 8 月底，甘肃省总发电装机为 5026 万千瓦，其中火电 2063.67 万千瓦，风电 1282.13 万千瓦、光伏发电 786.59 万千瓦，其余是水电。与此相比，甘肃省内最高用电负荷 1400 万千瓦，供需比例严重失衡。

这样的情况下，甘肃省政府要保用电、保经济、保消纳，但能把控的也只有省内的电量、电价，就必然面临取舍。以 2017 年为例，按照全社会用电量推算出全年甘肃省内统调发电量空间为 942.6 亿千瓦时，其中自备电厂自发自用电量为 110.38 亿千瓦时，火电为满足调峰调频和电网安全需要的调峰调频电量为 194.81 亿千瓦时，为保障供热需要在供热期按"以热定电"原则安排热电联产机组发电量为 189.72 亿千瓦时，水电按照"以水定电"预计发电量为 312 亿千瓦时，另安排生物质发电为 2.1 亿千瓦时。在这样的环境条件下，预计全年甘肃省内可消纳新能源为 133.66 亿千瓦时。这部分电量基本全部按照标杆上网电价与新能源企业结算，对应的也就是新能源的基数小时数。

甘肃省有Ⅰ、Ⅱ类风能资源区和Ⅱ、Ⅲ类太阳能资源区，其对应的最低保障收购年利用小时数分别为 1800 小时、1800 小时和 1500 小时、1400 小时。"最低保障"指的是该小时数对应的电量全部以当地新能源标杆上网电价结算，则刚好保证企业最低合理收益。[①] 理论上是这样，但在甘肃的现状下很难实现：省内的小时数能保价但量不够，外送能提升电量但价格会被压得很低。总体上，甘肃的风电企业近年来无法实现预期收益，外加补贴发放的拖欠，现金流上也存在一定压力。

然而在甘肃，新能源企业的经营压力远不及火电。新能源消纳困难只是甘肃发电侧结构性困境的表象之一，更大的危机在于火电企业的存续。经济下行、装机过剩、市场化交易、煤价高企等，使得近年来甘肃省火电企业生存环境逐年恶化，亏损态势不断蔓延。截至 2017 年底，甘肃省内火电企业整体亏损达 140 多亿元，75% 的火电企业资产负债率超过 100%，6 家火电企业累计亏损超过 10 亿元。大唐甘谷电厂、大唐连城发电公司分别于 2017 年 4 月份、2018 年 4 月份全面停产，国电靖远电厂和国投靖远公司也向甘肃省政府提出申请将所属的四台机组中的两台进行封存。

新能源的高比例消纳、电力系统的安全稳定运行以及城市的供热供暖都需要火电作为保障。在水电"不弃水"和热电"以热定电"的调

---

① 即资本金内部收益率为8%，源自秦海岩解读《可再生能源发电全额保障性收购管理办法》。

度原则下，受省内用电空间的限制，火电一方面要压低出力为新能源"让路"，另一方面要在低负荷区域持续运行以保证系统有足够的调峰、调频能力。这样的运行方式下，火电的生存空间被压缩，而其提供的价值并没有在现行体制下得到合理的补偿。火电机组的频繁启停是很不经济的，而长期停机封存的机组在技术上和经营管理上都存在无法恢复生产的风险。长期的"无电可发"将推动火电企业的关停潮，加大系统性风险，若逢其余电源（水电、新能源）全面出力不足则可能出现"无电可用"的局面。

三、新能源外送被寄予厚望，但困难重重

2017年，甘肃省新能源外送电量为103.82亿千瓦时，其中作为主力的祁韶直流送电58.7亿千瓦时。体量上，火电和新能源打捆中长期交易和富余新能源跨省跨区增量现货交易为主，交易量分别为71.04亿千瓦时和32.78亿千瓦时。

新能源外送，通道要先行。2017年6月，总投资262亿元的酒泉—湖南±800千伏特高压直流输电工程（即"祁韶直流"）全线带电投运，据其设计输电能力估算，一年可向湖南送电400亿千瓦时。截至2018年4月底，祁韶直流累计向湖南送电96亿千瓦时，由于多种因素制约，该通道利用率未达其设计值的一半。

新能源的外送需要配套火电调峰，配套电源投入的滞后必定影响通道输电能力的发挥。祁韶直流配套的常乐4×100万千瓦调峰火电是《甘肃省"十三五"能源发展规划》中的火电重点项目。祁韶直流于2015年5月正式获国家发展和改革委员会核准开工，但由于恰逢国家严控煤电项目建设，常乐电厂1、2号机组于2017年9月才得以开工并计划于2019年11月和2020年2月建成投产，其余两台机组则被要求推迟至"十四五"及以后。曾有专家指出，祁韶特高压规划时并非只有800万千瓦输电能力一个方案，也有400万千瓦、300万千瓦等方案，

现在回过头来看，或许后两者与甘肃既有的电源布局、网架结构以及湖南的消纳空间更协调。①

对受端市场空间和支付意愿的高估，也是甘肃新能源外送受阻的重要因素。2017年6月30日，即祁韶直流投产一周后，湖南省经济和信息化委员会发出通知，鉴于防汛形势紧急，要求国网湖南省电力公司暂停从祁韶直流向外省购电。② 同年10～12月，湖南省政府牵头组织通过祁韶直流购电，按照入湘落地电价与湖南电网平均购电价格测算，千瓦时电价差以100元/兆瓦时为指导③，而同时期湖南省内直接交易价差最高4元/兆瓦时④。

低价外购电是湖南省电力市场化改革红利的主要来源，是湖南省政府定向扶持本省企业的重要手段。2018年5月18日，湖南省发展和改革委员会发布通知，要求2018年祁韶直流送电价差空间的40%用于省内重点企业和贫困县参与市场交易的企业，40%用于除重点企业和贫困县企业以外的参与市场交易全体企业，20%用于补偿发电企业。⑤ 如此由政府主导的省间电力交易，是否符合通过市场化配置资源的改革初衷，有待探讨。

同时，由于甘肃外送需求迫切，湖南在议价时更有话语权。2018年上半年两省间中长期交易均价为0.308元/千瓦时⑥，这里的价格是湖南侧的落地电价，折算到甘肃侧的火电、新能源的交易均价（考虑到打捆比例）分别为0.262元/千瓦时和0.078元/千瓦时。在电煤价格持

---

① http://m.elecfans.com/article/645751.html。

② http://www.sohu.com/a/153395721_115910。

③ http://www.hnjxw.gov.cn/ztzl/dltzgg/wjtz_83823/201709/t20170928_4588836.html。

④ https://baijiahao.baidu.com/s?id=1592177057373589511&wfr=spider&for=pc。

⑤ 《湖南省发展和改革委员会关于2018年祁韶直流电价空间有关问题的通知》（湘发改价商〔2018〕153号）。

⑥ 2017年两省间中长期交易均价为0.2904元/千瓦时，之后电煤价格上涨，2018年中长期交易价格也随之上调。

续走高的情况下，火电打捆外送几乎无盈利空间。新能源则更不能依靠交易价格生存，而是通过外送增加发电量以换取国家补贴，但随着补贴退坡、平价上网政策力度的加大，这样的盈利模式难以为继。

第二节　东北地区

一、热电联产挤占新能源消纳空间

东北地处高寒地区，供热期长，超7成火电机组为供热机组，热电耦合性强，导致供热期调峰资源短缺。近年来风电、核电的迅猛发展进一步降低了系统运行的灵活性，加之网内抽水蓄能电源有限，东北电网调峰矛盾突出，形势十分严峻。2016年前后，国内"三弃"问题集中爆发。东北地区是国家重点风能、太阳能资源区，吉林省"弃风率"一度超过30%，黑龙江、内蒙古"弃风率"也曾超过20%。同时，通过计划手段和调度命令强制发电企业提供调峰等辅助服务的模式效果越来越差，东北亟须建立更有效的电力辅助服务机制。"十二五"以来，东北地区风电装机及热电装机迅猛增长，导致电网调峰矛盾日益突出，已经影响到电网的安全运行，影响到民生供热的可靠性，引发大量"弃风"限电。以2016年春节为例，春节期间全网单机供热电厂达到26座，占全部74座供热电厂的35%，负荷低谷时段全网风电接纳能力降至0。

2011年末，为缓解风场"弃风"困境、扩大风电消纳，吉林省洮南市率先启动了"风电清洁供暖"试点，由风电场投资建设蓄热锅炉，并进行政策捆绑，以蓄热锅炉在后夜耗用的电量为风电场增加出力减少"弃风"空间。这样的风电清洁供暖模式，一是增加了风电消纳、降低了煤炭耗用；二是通过蓄热锅炉替代原有普通低效锅炉；三是通过提供用电负荷，在一定程度上缓解冬季后夜的调峰矛盾；四是引导风电企业转型，拓展供热业务市场。吉林省洮南市"风电清洁供暖"试点虽然实现了良好运行，但在东北地区并未来得及大面积的普遍推广。特别是在 3 年之后，2014 年东北电网启动辅助服务补偿机制，"弃风"问题由此获得新的解决途径，原有洮南模式（在东北地区）基本被取代。

2014 年，在调峰空间极为有限的条件下，东北电网公司同东北能监局共同努力，启动电力调峰辅助服务市场建设，尝试以市场手段解决调峰困难，缓解风热矛盾，解决"弃风"问题，迈出了我国电力辅助服务市场建设第一步。2016 年 10 月，国家能源局发布《关于同意开展东北区域电力辅助服务市场专项改革试点的复函》，同意开展东北电力辅助服务市场专项改革试点工作。同年 11 月，东北能源监管局出台《东北电力辅助服务市场专项改革试点方案》《东北电力辅助服务市场运营规则（试行）》，标志着东北电力辅助服务市场专项改革试点工作正式启动。在调峰辅助服务市场的基础上，进一步丰富交易品种、拓展交易范围、创新交易机制，初步构建了东北电力辅助服务市场的雏形。

东北电力调峰辅助服务分为基本义务调峰辅助服务和有偿调峰辅助服务。基本义务调峰服务是指并网发电机组、可中断负荷或电储能装置，按照电网调峰需求，通过平滑稳定地调整机组出力、改变机组运行状态或调节负荷所提供的服务。有偿调峰辅助服务是指在东北电力调峰辅助服务市场中交易的服务品种，目前包括实时深度调峰、火电停机备用、可中断负荷调峰、电储能调峰、火电应急启停调峰和跨省调峰。

二、辅助服务市场促进了新能源消纳

东北电力辅助服务市场运营几年以来成效显著，实现了多方共赢。东北电力辅助服务市场激励火电机组进行灵活性改造，通过"热电解耦"缓解"热电矛盾"。多家大型热电厂已完成了大型蓄热式改造，还有多家电厂开展了机炉改造，提高了火电运行的灵活性和供热能力，最大限度地避免了供暖期火电机组单机供热情况。据业内专家介绍，按照辅助服务市场目前的价格测算，火电灵活性改造经济效益可观。由于改造初期投资较大，部分电厂采取与社会资本合作的模式降低融资成本，由电厂提供改造场地与技术支撑，投资公司在社会上融资、投资蓄热装置，在辅助服务市场上获得的最终收益由电厂与投资方共享。一些火电厂在调峰市场上收益喜人，这将激励更多的火电厂进行改造，同时推动辅助服务市场良性发展，达到平衡。

在东北电力辅助服务市场的激励下，火电厂由"要我调峰"向"我要调峰"转变，系统新增低谷调峰潜力300万千瓦以上。2017年，在市场价格机制引导下，东北全网88座直调大型火电厂中有86座低谷荷率减到50%以下，73座减到40%以下，新挖掘火电调峰潜力300万千瓦以上，全年机组应急启停次数达到105次，大大缓解了东北电力调峰困难局面，减轻了调度压力，保障了电力系统安全稳定运行。

系统调峰能力的提高直接促进了东北地区可再生能源的消纳，有效减少了"弃风""弃核"。2017年全年共为风电腾出90亿千瓦时新增上网空间，相当于少烧273万吨标准煤。核电也通过分摊有限的费用获得了更大的运行空间。

2017年以来，东北地区新能源消纳情况明显好转，2018年上半年实现"双升双降"。全网新能源"弃电量"大幅下降，"弃电量"仅18.72亿千瓦时，同比减少62.22%，其中"弃风"电量为18.19亿千瓦时，同比减少62.48%，"弃光"电量0.53亿千瓦时，同比减少50.62%；全网新能源"弃电率"为4.73%，同比减少近10个百分点。

如图8-3和图8-4所示，2015～2017年，东北区域各省份风电年利用小时数总体呈上升趋势，其中辽宁、黑龙江增长显著，分别增加362和387小时；"弃风率"总体呈下降趋势，其中吉林、黑龙江降幅最大，分别实现11和7个百分点的下降。

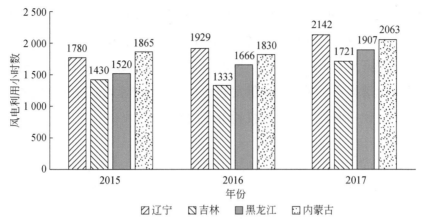

图 8-3　2015～2017 年东北地区风电利用小时数

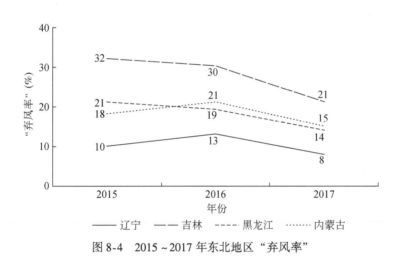

图 8-4　2015～2017 年东北地区"弃风率"

第三节　山　西　省

一、新能源利用率较高

山西省作为一个煤炭大省、煤电大省，在可再生能源消纳方面的表现十分突出。如图8-5～图8-7所示，2015～2018年上半年，山西省风电、光伏发电装机容量逐年增加，风电装机占比稳中有升，光伏发电装机占比提升显著；同时期内，风电、光伏发电量逐年增加①，发电量占比均有显著提升；风电、光伏发电量占比年均增速均超过其装机占比年均增速，说明两类电源的装机利用率在提高。

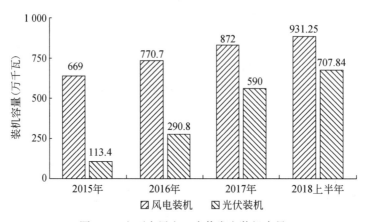

图8-5　山西省风电、光伏发电装机容量

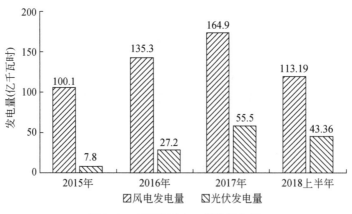

图8-6　山西省风电、光伏发电量

---

① 2018上半年发电量除外，与其他年份不具有可比性。

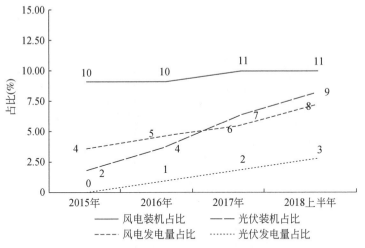

图 8-7　山西省风电、光伏发电装机和发电量占比

山西省新能源装机的高利用率更体现在年利用小时数和"弃电率"上。如图 8-8 所示，2015～2017 年，山西省风电利用小时数逐年显著提高，重点地区 2016 年和 2017 年都超过国家"最低保障小时数"标准；光伏发电利用小时数 2016 年比 2015 年有显著提高，2017 年稍有回落，但重点地区 2016 年和 2017 年也都超过国家"最低保障小时数"标准。"弃电率"方面，山西省"弃风率"2016 年达到峰值（9.4%），之后逐年显著下降，2018 年上半年降至 0.6%；"弃光率"2016 年及之后始终保持在 1% 以下，基本无"弃光"现象。

据业内专家介绍，近两年与之前相比，山西省除了用电负荷增长较大之外，外部环境和客观条件并没有大的变化，而可再生能源的消纳能取得如此成效，有三个因素起了关键作用。

一是电力调度机制的改变。在国家政策和国家电网有限公司的支持下，华北电网从 2017 年起放开了对省间联络线的考核，实施区域电网统一调度，加强省间电网调峰互济，同时建立区域旋转备用共享机制。作为能源资源大省，山西省在新的调度机制下获益很大，省内电网调峰

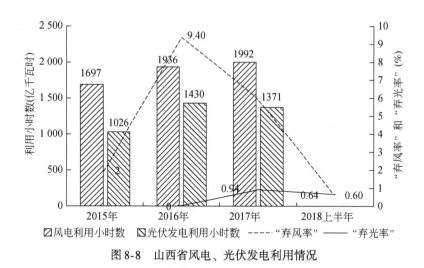

图 8-8　山西省风电、光伏发电利用情况

难度降低，电力外送也更加顺畅。二是核定了供热机组供热期的最小运行方式。2016 年起，国家能源局山西监管办公室会同各相关单位对山西省调供热电机组供热期最大最小运行方式进行核查，核查结果对供热期解决热电矛盾、风火矛盾提供了很有价值的参考。三是全社会对新能源的消纳有很高的共识。山西省新能源的发展并未引起业内主体间大的利益纠葛，社会各界对新能源也没有抵触情绪。当然这与山西省的资源条件特征有关，山西省有风电Ⅳ类资源区和光伏Ⅱ类资源区，条件有限，风电、光伏发电近年来发展有序，省网网架结构好，调峰资源也相对充足。

二、外送通道条件较好

晋电外送，通道先行。2009 年 1 月，晋东南—荆门 1000 千伏特高压交流工程投运，它是晋电外送的第一条特高压通道，也是我国最早建成投运特高压输电线路，标志着我国在远距离、大容量特高压输电技术上取得重大突破。2015 年，随着国家"大气污染防治行动计划"的开展，山西省进入集中建设特高压的时代，先后建成投产蒙西—晋北—天津南 1000 千伏、榆横—晋中—潍坊 1000 千伏特高压交流工程和晋北—江苏±800 千伏特高压直流工程。至此，通过"三交一直"特高压外送通道，外加山西阳城—江苏淮安 500 千伏"点对网"输电工程和 9 回 500 千伏与华北电网的对接，山西电网实现了与华北电网、华中电网、华东电网的充分互联，极大地促进了晋电外送。

晋电外送以煤电为主，但煤电外送的成功为可再生能源在省内的消纳提供空间。山西同时分别与江苏、河北、陕西等地签订战略合作框架协议，截至 2018 年 7 月，全省外送电量 506.7 亿千瓦时，全国排名第三位，同比增长 21.1%。迎峰度夏期间，山西电网尽最大能力向华北地区和江苏省送电，最大组织外送电力达到 980 万千瓦，外送通道均为满载运行。[1]

三、股权合作突破省级壁垒

2018 年 2 月 5 日，苏晋能源控股有限公司（以下简称"苏晋公司"）合资合同和章程签约仪式成功在太原举行。苏晋公司由江苏国信股份有限公司、中煤平朔集团有限公司、大同煤矿集团公司等 6 家企业合资成立，运营雁淮直流配套电源点项目，对通过雁淮直流通道从山西进入江苏的电量由合资公司"总买总卖"、统一供销。其中，江苏国信股份有限公司持股 51%，控股山西部分煤电企业。这不仅标志着山西在煤、电等传统优势产业领域的股权开放迈出第一步，也是两省加强省际合作，推动能源供需对接的重要创新。[2]

新能源的外送过程中，省间壁垒一直是一个重要阻碍，如何平衡省际利益成了令人头疼的问题。以股权为纽带，进一步开放送电省份电力

---

① http://www.cnr.cn/sx/sxcj/20180904/t20180904_524350586.shtml.

② http://www.shanxieic.gov.cn/NewsDefault.aspx?pid=1_19_35_50313.xtj.

行业股权，捆绑上下游利益，是实现两省在能源领域互利合作，互惠发展的重要途径，也是促进新能源消纳的一大创新之举。

在山西的风能和太阳能资源条件有限、新能源装机发展有序、外送渠道相对通畅、大电网协调互济功能强等背景下，新能源消纳的问题并未集中爆发。然而现在没有问题，不代表以后永远没有问题。山西省连续 3 年被列为"风电投资监测预警绿色区域"，有一定体量的核准在建项目即将投产，加上分布式风电、光伏发电的迅猛发展，未来新能源的消纳势必压力加大。在市场机制设计上，山西省政府已在未雨绸缪，于 2018 年 6 月印发《可再生能源电力参与市场交易实施方案》，引导和促进可再生能源电力积极参与电力市场。按照方案规定，优先发电计划分为执行政府定价和市场化方式形成价格两部分，其中执行政府定价的利用小时数由电网调度机构"根据近三年可再生能源发电出力情况，预测下一年度可再生能源发电出力，并结合山西电力体制改革进程以及发用电计划放开的均衡性"综合测算。同时，可再生能源执行政府定价利用小时数的电量由电网全额收购并执行国家批复的上网电价及补贴；超过政府定价利用小时数但不超过国家规定的保障性利用小时数的电量鼓励参与市场交易并执行市场交易价格，未参与交易的按照结算周期内可再生能源电力平均市场交易价结算，仍然优先调度；超出国家保障性利用小时的电量只能通过市场交易获利。

如此，这个"政府定价利用小时数"的设置，便是在保证了"国家保障性利用小时数"物理执行的基础上，在电价上做了一定的让步，逐步引导新能源参与市场交易、公平竞争。类似的机制，在新疆、甘肃等新能源消纳困难的地区已有几年的实践。

换一个角度讲，新能源逐渐摆脱对保障性政策的依赖并不是坏事。"保障性收购年利用小时数"不是一个长效机制，而是过渡时期的一个折中选择。一方面，国家层面补贴退坡，鼓励新能源"平价上网"的政策导向坚定，靠保障小时数换取国家补贴的盈利模式将无以为继。另一方面，在逐步放开发用电计划的大环境下，保障小时数给新能源发电企业一种"逆向激励"，使参与市场"薄利多销"的收益与享受保障"以守为攻"的收益近乎持平，削弱新能源参与竞争的积极性。然而，山西省恰逢改革的机遇窗口，与甘肃、新疆等新能源消纳"重灾区"相比各方面条件基础好，更应迈开步子，鼓励各类主体主动地去适应市场竞争，实现优胜劣汰。

参 考 文 献

陈书通, 耿志成, 董路影. 1996. 九十年代以来我国能源与经济增长关系分析. 中国能源, (12): 24-30.

陈伟, 周峰, 韩新阳, 等. 2008. 国家电网负荷特性分析研究. 电力技术经济, 20 (4): 25-29.

房林, 国涓, 郝秀娇. 2004. 影响中国电力需求因素的实证分析. 学术交流, (11): 70-73.

谷峰, 潇雨. 2018. 四十年发用电计划管理制度改革与展望. 中国电力企业管理, 538 (25): 67-73.

国家电网. 2018. 促进新能源发展白皮书 2018. http://news. bjx. com. cn/html/20180408/ 890131. shtml.

韩水. 2018. "十三五"将从三方面解决弃风、弃光问题. http://www. sohu. com/a/ 118340326_114731[2018-12-30].

何晓萍, 刘希颖, 林艳苹. 2009. 中国城市化进程中的电力需求预测. 经济研究, (1): 118-130.

林伯强. 2003. 电力消费与中国经济增长: 基于生产函数的研究. 管理世界, (11): 18-27.

刘晓黎, 张泽中, 黄强, 等. 2008. 面向可再生能源配额制的可再生能源优化配置模型研究. 太阳能学报, 29 (2): 256-260.

刘贞, 张希良, 张达. 2009. 欧盟可再生能源目标分解对我国省域规划的启示. 中国矿业, 18 (9): 66-70.

时璟丽. 2018. 国内外可再生能源招标电价比较研究. 中国物价, (3): 32-36.

水电水利规划设计总院. 2012. 电力工程项目建设用地指标·风电场. 北京: 中国电力出版社, 2012.

汪宁渤, 王建东, 马彦宏, 等. 2011. 对大规模风电并网"难"问题的探讨. 风能, (10): 46-50.

吴玉鸣, 李建霞. 2009. 省域经济增长与电力消费的局域空间计量经济分析. 地理科学, 29（1）：30-35.

张化龙, 陈燕, 路正南. 2011. 江苏省电力需求的短期预测. 科技与管理, 13（2）：9-11.

张敬伟, 宫兴国. 2010. 产业结构变动对能源消费的影响研究——以河北省为例. 燕山大学学报（哲学社会科学版）, 11（1）：106-110.

郑照宁, 刘德顺. 2004. 中国风电投资成本变化预测. 中国电力, 37（7）：77-80.

Adelaja S, Hailu Y. 2007. Projected impacts of renewable portfolio standards on wind industry development in Michigan. Lansig：Land Policy Institute, Michigan State.

Anderson TW, Hsiao C. 1981. Estimation of dynamic models with error components. Journal of the American statistical Association, 76（375）：598-606.

Arellano M, Bond S. 1991. Some tests of specification for panel data：Monte Carlo evidence and an application to employment equations. Review of Economic Studies, 58（2）：277-297.

Arellano M, Bover O. 1995. Another look at instrumental variable estimation of error component models. Journal of Econometrics, 68（1）：29-51.

Audretsch D B, Feldman M. P. 1996. R&D spillovers and the geography of innovation and production. The American economic review, 86（3）：630-640.

Bird L, Lew D, Milligan M, et al. 2016. Wind and solar energy curtailment：A review of international experience. Renewable and Sustainable Energy Reviews, 65：577-586.

Blundell R, Bond S. 1998. Initial conditions and moment restrictions in dynamic panel data models. Journal of Econometrics, 87（1）：115-143.

Bond S R, Hoeffler A, Temple J. 2001. Gmm estimation of empirical growth models. CEPR Discussion Papers, 159（1）：99-115.

Butler L, Neuhoff K. 2008. Comparison of feed–in tariff, quota and auction mechanisms to support wind power development. Renewable Energy, 33（8）：1854-1867.

Cheng L K, Kwan Y K. 1998. What are the determinants of the location of foreign direct investment：The Chinese experience. Journal of International Economics, 51（2）：379-400.

Chow G C. 1967. Technological change and the demand for computers. American Economic Review, 57（5）：1117-1130.

Crespo A, Hernandez J, Frandsen S. 1999. Survey of modelling methods for wind turbine wakes and wind farms. Wind Energy, 2 (1): 1-24.

Cyranoski D. 2009. Renewable energy: Beijing's windy bet. Nature News, 457 (7228): 372-374.

David C. 2009. Renewable energy: Beijing's windy bet. Nature, 457 (7228): 372-374.

Davidson B M. 2013. Politics of power in China: Institutional bottlenecks to reducing wind curtailment through improved transmission. International Association for Energy Economics, (4): 40-42.

Dong C G. 2012. Feed- in tariff vs. renewable portfolio standard: An empirical test of their relative effectiveness in promoting wind capacity development. Energy Policy, 42 (2): 476-485.

Dong C, Qi Y, Dong W, et al. 2018. Decomposing driving factors for wind curtailment under economic new normal in China. Applied Energy, 217: 178-188.

Ellison G, Glaeser E L. 1997. Geographic concentration in U. S. manufacturing industries: A dartboard approach. Journal of Political Economy, 105 (5): 889-927.

Fan X C, Wang WQ, Shi RJ, et al. 2015. Analysis and countermeasures of wind power curtailment in China. Renewable and Sustainable Energy Reviews, 52: 1429-1436.

Fang Y, Li J, Wang M. 2012. Development policy for non- grid- connected wind powerin China: An analysis based on institutional change. Energy Policy, 45: 350-358.

Han J, Mol A P J, Lu Y, et al. 2009. Onshore wind power development in China: Challenges behind a successful story. Energy Policy, 37 (8): 2941-2951.

Hansen L P. 1982. Large sample properties of generalized method of moments estimators. Econometrica, 50 (4): 1029-1054.

He G, Kammen D M. 2014. Where, when and how much wind is available: A provincial-scale wind resource assessment for China. Energy Policy, 74: 116-122.

He Q, Xue C, Zhou S. 2018. Does contracting institution affect the patterns of industrial specialization in China. http://xuechang. weebly. com/upoads/8/2/8/9/82893144/does contracting institution affect the patterns of industrial specialization in china. pdf [2018-12-30].

He X P, Liu X Y, Lin Y P. 2009. China's electricity demand forecast under urbanization process. Economic Research Journal, (1): 118-130.

Hitaj C. 2013. Wind power development in the United States. Journal of Environmental Economics and Management, 65 (3): 394-410.

Hitaj C, Schymura M, Löschel A. 2014. The impact of a feed-in tariff on wind power development in Germany. ZEW Discussion Papers, 86 (23): 12625-12642.

Ho MS, Wang Z, Yu Z. 2017. China's Power Generation Dispatch, Resources For The Future. http://www. rff. org/research/publications/china-s-power-generation-dispatch [2018-12-30].

Hsiao C. 1985. Benefits and limitations of panel data. Econometric Reviews.

Hu Z, Wang J, Byrne J, et al. 2013. Review of wind power tariff policies in China. Energy Policy, 53 (1): 41-50.

Kraft J, Kraft A. 1978. On the relationship between energy and GNP. Energy Development, (3): 401-403.

Kwon T H. 2005. Is the renewable portfolio standard an effective energy policy: Early evidence from South Korea. Utilities Policy, 36: 46-51.

Lacerda J S, van den Bergh JCJM. 2016. Mismatch of wind power capacity and generation: Causing factors, GHG emissions and potential policy responses. Journal of Cleaner Production, 128: 178-189.

Lam LT, Branstetter L, Azevedo IML, 2016. China's Wind Electricity and Cost of Carbon Mitigation Are More Expensive Than Anticipated. https: //iopscience. iop. ort/1748-9326/ 11/8084015/media/erl084015 suppdata. pdf [2018-12-30] .

Larivière I, Lafrance G. 1999. Modelling the electricity consumption of cities: Effect of urban density. Energy Economics, 21 (1): 53-66.

Li J, Xia J, Shapiro D. et al. 2018a. Institutional compatibility and the internationalization of Chinese SOEs: The moderating role of home subnational institutions. Journal of World Business, 53: 641-652.

Li L, Duan Y, He Y, et al. 2018b. Linguistic distance and mergers and acquisitions: Evidence from China. Pacific-Basin Finance Journal, 49: 81-102.

145

参
考
文
献

Lin K C, Purra M M. 2019. Transforming China's electricity sector: Politics of institutional change and regulation. Energy Policy, 124: 401-410.

Liu X. 2013. The value of holding scarce wind resources: A cause of overinvestment in wind power capacity in China. Energy Policy, 63 (4): 97-100.

Liu Z, Zhang W, Zhao C, et al. 2015. The economics of wind power in china and policy implications. Energies, 8 (2): 1529-1546.

Liu Y, Kokko A. 2010. Wind power in China: Policy and development challenges. Energy Policy, 38 (10): 5520-5529.

Long H, Xu R, He J. 2011. Incorporating the variability of wind power with electric heat pumps. Energies, (4): 1748.

Lu X, McElroy M B, Peng W, et al. 2016. Challenges faced by China compared with the US in developing wind power. Nature Energy, 1 (6): 16061.

Luo G L, Li Y L, Tang W J, et al. 2016. Wind curtailment of China's wind power operation: Evolution, causes and solutions. Renewable and Sustainable Energy Reviews, 53: 1190-1201.

Menz F C, Vachon S. 2006. The effectiveness of different policy regimes for promoting wind power: Experiences from the states. Energy Policy, 34 (14): 1786-1796.

Mohamed Z, Bodger P. 2005. A comparison of Logistic and Harvey models for electricity consumption in New Zealand. Technological Forecasting & Social Change, 72 (8): 1030-1043.

Naughton B. 1999. Conference for Research on Economic Development and Policy Research http: //pdfs. semanticsholar. org/8be1/2d8904f92b96af8665f3b8655a20db3bbcff. pdf [2018-12-30].

Nickell S. 1981. Biases in dynamic models with fixed effects. Econometrica, 49 (6): 1417-1426.

Ohshita S. 2011. Target Allocation Methodology for China's Provinces: Energy Intensity in the 12th FIve-Year Plan. San Francisso: Lawrence Berkeley National Laboratory.

Ohshita S, Price L, Tian Z. 2011. Target allocation methodology for China's provinces: Energy intensity in the 12th five-year plan. Lawrence Berkeley National Laboratory.

新能源消纳问题研究

Parsley D C, Wei S J. 1996. Convergence to the law of one price without trade barriers or currency fluctuations. Quarterly Journal of Economics, 111: 1211-1236.

Parsley D C, Wei S J. 2001. Explaining the border effect: The role of exchange rate variability, shipping costs, and geography. Journal of International Economics, 55: 87-105.

Pechan A. 2017. Where do all the windmills go: Influence of the institutional setting on the spatial distribution of renewable energy installation. Energy Economics, 65: 75-86.

Pei W, Chen Y, Sheng K, et al. 2015. Temporal-spatial analysis and improvement measures of Chinese power system for wind power curtailment problem. Renewable and Sustainable Energy Reviews, 49: 148-168.

Poncet S. 2003. Measuring Chinese domestic and international integration. China Economic Review, 14: 1-21.

Qi Y, et al. 2018. Fixing Wind Curtailment with Electric Power System Reform in China. Discussion Paper. Brookings-Tsinghua Center for Public Policy.

Qiu Y, Anadon L D. 2012. The price of wind power in China during its expansion: Technology adoption, learning-by-doing, economies of scale, and manufacturing localization. Energy Economics, 34 (3): 772-785.

Qiu Y, Ortolano L, Wang D. 2013. Factors influencing the technology upgrading and catch-up of Chinese wind turbine manufacturers: Technology acquisition mechanisms and government policies. Energy Policy, 55: 305-316.

Rosenthal SS, Strange WC. 2004. Evidence on the nature and sources of agglomeration economies. Handbook of regional and urban economics, (4): 2119-2171.

Samuelson PA. 1964. Theoretical notes on trade problems. Review of Economics and Statistics, 46: 145-154.

Schmidt J, Lehecka G, Gass V, et al. 2013. Where the wind blows: Assessing the effect of fixed and premium based feed-in tariffs on the spatial diversification of wind turbines. Energy Econ omics, 40 (C): 269-276.

Wang K, Zhang X, Wei Y M, et al. 2013. Regional allocation of CO_2, emissions allowance over provinces in China by 2020. Energy Policy, 54 (3): 214-229.

Wang S. 2016. China's interregional capital mobility: A spatial econometric estimation. China Economic Review, 41: 114-128.

Wang X, Fan G, Yu J. 2017. Marketization Index of China's Provinces: NERIReport 2016. Beijing: Social Sciences Academic Press.

Wei C, Ni J, Du L. 2012. Regional allocation of carbon dioxide abatement in China. China Economic Review, 23 (3): 552-565.

Wei C, Zheng X. 2017. A new perspective on energy efficiency enhancement: A test based on market segmentation. Social Sciences in China, (1): 90-111.

Xia F, Song F. 2017. The uneven development of wind power in China: Determinants and the role of supporting policies. Energy Economics, 67: 278-286.

Yang M, Nguyen F T, Serclaes P D, et al. 2010. Wind farm investment risks under uncertain CDM benefit in China. Energy Policy, 38 (3): 1436-1447.

Yi J, Hong J, Hsu W C, et al. 2017. The role of state ownership and institutions in the innovation performance of emerging market enterprises: Evidence from China. Technovation, 62-63: 4-13.

Yi W J, Zou L L, Jie G, et al. 2011. How can China reach its CO_2, intensity reduction targets by 2020: A regional allocation based on equity and development. Energy Policy, 39 (5): 2407-2415.

Young A. 2000. The razor's edge: Distortions and incremental reform in the People's Republic of China. Quarterly Journal of Economics, 115: 1091-1135.

Yu S, Wei Y M, Wang K. 2014. Provincialallocation of carbon emission reduction targets in China: An approach based on improved fuzzy cluster and Shapley value decomposition. Energy Policy, 66 (7): 630-644.

Zeng, M, Xue S, Li L, et al. 2013. China's large-scale power shortages of 2004 and 2011 after the electricity market reforms of 2002: Explanations and differences. Energy Policy, 61: 610-618.

Zhang D, Rausch S, Karplus V J, et al. 2013. Quantifying regional economic impacts of CO_2, intensity targets in China. Energy Economics, 40 (2): 687-701.

Zhang J, Jiang J, Noorderhaven N. 2018a. Is certification an effective legitimacy strategy for

新
能
源
消
纳
问
题
研
究

foreign firms in emerging markets? International Business Review (in press) .

Zhang L X, Feng Y Y, Zhao B H. 2015. Disaggregation of energy-saving targets for China's provinces: modeling results and real choices. Journal of Cleaner Production, 103: 827-846.

Zhang N, Lu X, McElroy MB, et al. 2016. Reducing curtailment of wind electricity in China by employing electric boilers for heat and pumped hydro for energy storage. Applied Energy, 184, 987-994.

Zhang S, Andrews-Speed P, Li S. 2018. To whatextent will China's ongoing electricity market reforms assist the integration of renewable energy. Energy Policy, 14: 165-172.

Zhang Y J, Wang A D, Da Y B. 2014. Regional allocation of carbon emission quotas in China: Evidence from the Shapley value method. Energy Policy, 74 (C): 454-464.

Zhao X, Wang F, Wang M. 2012. Large-scale utilization of wind power in China: Obstacles of conflict between market and planning. Energy Policy, 48 (3): 222-232.

Zhao X, Zhang S, Zou Y, et al. 2013. To what extent does wind power deployment affect vested interests: A case study of the northeast China grid. Energy Policy, 63 (4): 814-822.

Zhou H. 2001. Implications of interjurisdictional competition in transition: The case of the Chinese tobacco industry. Journal of Comparative Economics, 29: 158-182.

参
考
文
献